U0102538

鱼虾蟹螺贝
批发
零售
电话：1390XXX
新鲜
提示
内有监控
餐桌上的水产
图鉴
周卓诚
张继灵
主编
海峡书局
海峡出版发行集团

图书在版编目（CIP）数据

餐桌上的水产图鉴 / 周卓诚，张继灵主编. — 福州：海峡书局，2023.4
ISBN 978-7-5567-1062-1

Ⅰ. ①餐… Ⅱ. ①周… ②张… Ⅲ. ①鱼类菜肴—饮食—文化—中国—图解 Ⅳ. ①TS971.202-64 ②TS972.126.1-64

中国版本图书馆CIP数据核字(2022)第254063号

出 版 人：林　彬
策　　划：曲利明　李长青　张　锋
主　　编：周卓诚　张继灵
特邀编审：李　昂
审　　校：黄俊豪
插　　画：李　晔
责任编辑：林洁如　廖飞琴　魏　芳　陈　婧　陈洁蕾　邓凌艳　陈　尽　陈映辉
校　　对：卢佳颖
装帧设计：李　晔　林晓莉　黄舒堉　董玲芝

cānzhuōshàng de shuǐchǎn tújiàn
餐桌上的水产图鉴

出版发行：海峡书局
地　址：福州市台江区白马中路15号
邮　编：350004
印　刷：深圳市泰和精品印刷有限公司
开　本：889毫米×1194毫米 1/16
印　张：14
图　文：224码
版　次：2023年4月第1版
印　次：2023年4月第1次印刷
书　号：ISBN 978-7-5567-1062-1
定　价：88.00元

作者简介

周卓诚　中渔协原生水生物及水域生态专委会副主任
知名科学科普博主　开水科普MCN主理

张继灵　编著有《福建野外常见淡水鱼图鉴》及《东南滨海水生动物鉴赏》

《餐桌上的水产图鉴》摄影作者名单

（排名不分先后，按姓氏笔画排列）

王　剑　王军定　王浩展　文　曦　申志新　曲利明　朱　波　朱老四　刘　毅　刘　攀
刘达友　关怀宇　李　昂　吴善宇　汪徐荟　张小峰　张浩然　张继灵　陈　旻　陈葆谦
林　森　林水友　周卓诚　徐剑峰　郭　亮　黄俊豪　童　磊　蔡年平　蔡於忻

序

生命从水中孕育，人类从水里走来。时至今日，世界上有三万多种鱼，七万余种软体动物，三万种以上甲壳动物，还有种类丰富的腔肠、环节、两栖、爬行、哺乳动物也生活在水中。对于非专业人士，生活中接触最多的水生生物，是餐桌上、海鲜店以及菜市场的水产品。随着经济飞速发展，物流越来越便捷，现在足不出户就可能买到天南海北甚至全球的水产品。水产品是优质的动物蛋白来源，面对五花八门的种类，不管在菜市场、海鲜餐厅或是网购，绝大多数的非分类学研究爱好者都会遇到疑问——“这种从来没吃过，到底好不好吃”，偶遇美食家生物学家，则会忍不住问一句——“那种我特别喜欢吃的，到底名叫什么”。美食是人类共同的追求，而求知欲是最好的老师。

能？好？怎？

能不能吃，好不好吃，该怎么吃？

本书收罗了中国各地从南到北从沿海到内陆河流的市面上常见的五百多种水产品，既有海洋物种，也有淡水种类，不只有鱼虾蟹螺贝，还有昆虫两栖爬行中常见的食用经济种类。首先以类目作为基础划分，之后以体型作为辅助分类，将鱼类划分为刀剑形、鳗形、筒形、纺锤形、平扁形、球形等，翻阅查找一目了然，让各位吃货们可以简单地由外形入手，快速查找自己想知道的种类，买定离手并选对合适的烹饪方法。当你瞬间化身海鲜美食专家，在家人朋友面前大放异彩，会不会感觉自己棒棒哒？在全书采用外形索引的方式降低普通读者分类门槛、零基础轻松上手的同时，我们在书末仍保留了分类学索引，供学者与分类学爱好者参考。

本书具体物种的名称基本使用了当前公认的中文正名，对于特别知名的俗称、商品名也有提及，读者朋友们可以由标题括号内的俗称快速查找到相关介绍页面。受篇幅所限，本书标题最多仅保留一个俗称，对于类似黄颡鱼那样在中国广布、有几十个地方名的种类，未能保留更多俗称，还请读者朋友们谅解，未来的电子版我们会用穷举法罗列俗称以便于大家查找。

文末，必须感谢二十多年来每一位在论坛以及微博上向我提问鱼类及水产品的网友们，是你们为我提供了最可靠的第一手资料，还为图鉴贡献了大量现场图片。感恩一直支持我的鱼类学研究的家人好友以及二十年前就鼓励我出版属于自己的鱼类图鉴的程晨姐，致谢引导我入行鱼类研究的贾方均博士。特别感谢《菜市场鱼图鉴》的作者吴家瑞、赖春福、潘智敏三位先生，你们的第一版图鉴为我提供了最初的构思，作为引进版的审稿人更是让我梳理清楚了这本水产图鉴的脉络。本书得以成稿，还要感谢海峡书局的各位同仁，致谢鱼类学界、美食界的陈葆谦、李帆、袁乐洋、何德奎、杨金权、张志钢等一众挚友给予的指导与支持。

鱼类

刀剑形

鳗形

筒形

纺锤形

平扁形

球形

虾蟹类

螺贝类

杂类

分类学索引

水产品常见烹饪法

烧烤

炸、椒盐

砂锅煲

红烧、葱烧、酱烧

刺身

炒、葱爆

爆炒、辣炒

清蒸

制丸
白灼
做汤、清炖
麻辣水煮、泡椒
去告诉老墨
我想吃鱼了
煮面、炒面

鱼类

Misgurnus anguillicaudatus 泥鳅

泥鳅

泥鳅又被称为气象鱼。得益于其独特的肠呼吸的能力，可以在溶氧量低的水体中存活，遇到下雨前的低气压，则会频繁露头吞咽空气，故而得名。泥鳅是有鳞片的，只是包埋在鱼表层皮肤之下，吃泥鳅的时候顺带也就吃到了鳞片，补充了更多的钙质及微量元素，因此泥鳅也是淡水鱼中营养最全面的种类。常规吃法有葱爆、做汤，都是极好的。

推荐指数：★★★★★

Paramisgurnus dabryanus 大鳞副泥鳅

大鳞副泥鳅

大鳞副泥鳅又称老板泥鳅，体型比泥鳅更大且相对侧扁，市售养殖的“台湾泥鳅”就是人工选育的大规格品种，肉质仅比普通泥鳅稍硬，依然细腻且营养全面。

推荐指数：★★★★★

长薄鳅

长江流域分布的大型鳅类，体侧有黑黄交替的类似虎纹的斑纹，野外种群为二级国家重点保护野生动物，暂时未规模化商品养殖，不推荐食用。

Leptobotia elongata 长薄鳅

推荐指数：★★★★★

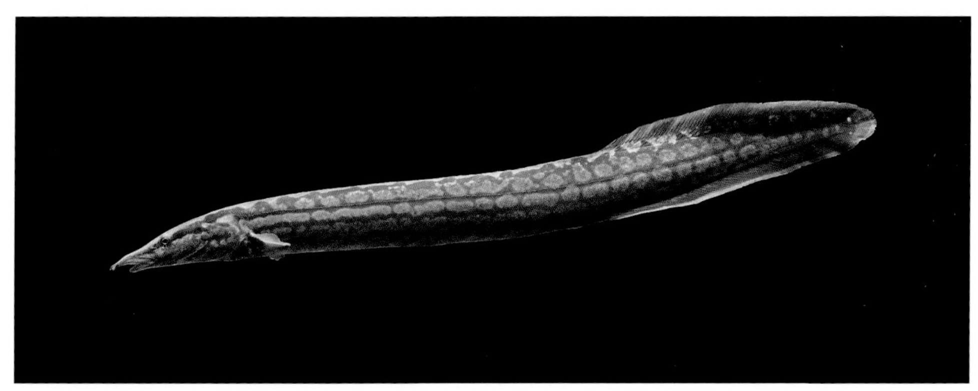

Mastacembelus armatus 大刺鳅

大刺鳅

分布于华南地区的种类，嘴尖而身体上下密布细刺，在产地俗称刺锥、蛇鱼，是底层的掠食性种类。大规格的在产地可以卖到百元一斤的价格。一般清汤或者做煲，肉质细腻又具有一定的弹性。

推荐指数：★★★★★

Esox lucius 白斑狗鱼

白斑狗鱼

冷水鱼，国内原产于新疆，广泛分布于欧亚大陆北方，肉质偏柴且刺不少。

推荐指数：★★★★★

银鱼

广盐性种类，广泛分布于江河湖泊与海洋中，甚至在云南的内陆湖泊因为养殖引入而成为了危害当地生态的入侵种。活体全身透明，离水很难存活，死后转为白色。为太湖三白之一，是优质的辅食，蒸蛋或者银鱼豆腐汤是常见的食用方式。

推荐指数：★★★★★

Neosalanx sp. 新银鱼

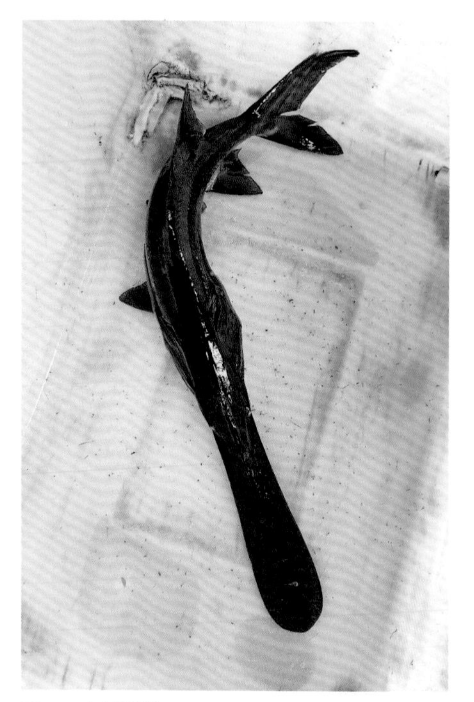

Polyodon spathula 匙吻鲟

匙吻鲟(鸭嘴鲟)

是国内已经灭绝的白鲟在北美洲的亲戚，跟白鲟的掠食性所不同的是，匙吻鲟是滤食性鱼类，通过张大嘴巴在水体上层迅游滤食有机物。国内引进养殖，用于食用，吻部的脆骨颇受食客喜爱。

推荐指数：★★★★★

水针鱼

水针鱼，包含鱵跟颌针鱼。鱵鱼上颌短下颌长，颌针鱼上下颌都长。作为刺身食用时，肉质相对细嫩，烧熟后肉质较柴。其中，间下鱵是淡水季节性量产，广盐性种类，常见表层小鱼，离水不易存活。

推荐指数：★★★★★

Ablennes hians 横带扁颌针鱼

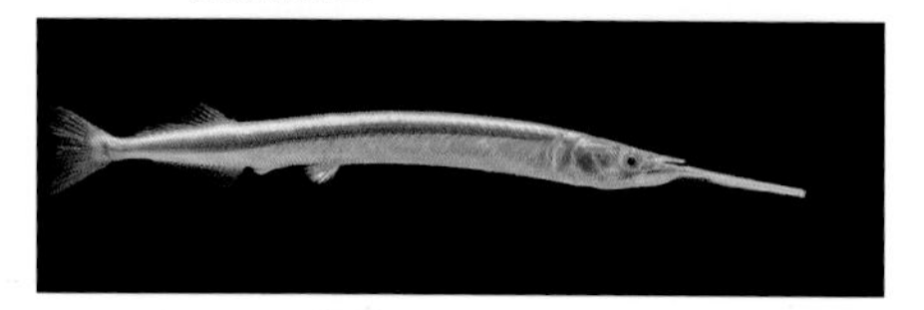

Hyporhamphus intermedius 间下鱵

Hemiramphus far 斑鱵

玉筋鱼

黄海、渤海常见的小型鱼类，春季多见，活体体侧闪闪发亮。

推荐指数:

Ammodytes personatus 玉筋鱼

亚洲公鱼

小型鱼类，活体半透明而冰鲜是白色，在北方产地被食客所喜爱，有黄瓜的清香，椒盐是最常用的吃法。

推荐指数:

Hypomesus olidus 亚洲公鱼

长鳍马口鱼

长鳍马口鱼在各地常见又形象的名字是桃花鱼，每年桃花盛开的时候，因为发情而体色鲜艳的雄鱼就开始在溪流中追逐雌鱼并准备繁殖后代。未发情的雄鱼跟雌鱼体色都是银色的。口感普通且多刺。

推荐指数:

Opsariichthys evolans 长鳍马口鱼

马口鱼

马口鱼作为溪流中常见的表层掠食性种类，常与长鳍马口鱼生活在一起，也被称为桃花鱼，是各种路亚飞蝇钓鱼爱好者的最爱。典型特征是口裂大，呈“W”形。马口鱼体型大，肉质肥美，口感显著优于长鳍马口鱼。

推荐指数:

Opsariichthys bidens 马口鱼

鲌

鲌亚科是淡水上层活动的鱼类，其中常见的食用种类，基于体型跟食性我们简单分作两个大类。鳘、华鳊是江河湖泊最常见的表层小型鱼类，由于数量众多，常见于油炸食谱，稍大个体也见于杂鱼锅仔，推荐指数较低。而中大型类群，则是广受好评的路亚目标鱼种，普遍肉质细腻鲜美，推荐指数较高。

翘嘴鲌

淡水上层活动的掠食性鱼类，是广受好评的路亚目标鱼种，本类群普遍肉质细腻鲜美。翘嘴鲌是太湖三白中最为出名且美味的一种，以至于让人们忘记了它仍然是具有叉状肌间刺的鲤形目种类。

推荐指数：★★★★★

Culter dabryi 达氏鲌

Culter alburnus 翘嘴鲌

Cultrichthys erythropterus 红鳍原鲌

Culter mongolicus 蒙古鲌

鳘

淡水湖泊池塘表层常见的小型鱼类，东南称作鳘条儿，肉质偏硬且腥味较重，一般油炸。

推荐指数：★☆☆☆☆

Hemiculter leucisculus 鳘

Pseudolaubuca sinensis 银飘鱼

银飘鱼

干流广布的上层小型鱼类，体色更亮，眼更靠上。一般油炸椒盐。

推荐指数：★☆☆☆☆

南方拟鳘

溪流性上层中型鱼类，肉质普通。

推荐指数：★☆☆☆☆

Pseudohemiculter dispar 南方拟鳘

Pseudobrama simoni 似鳊

似鳊

大型河道常见的小型鱼类，肉质普通。

推荐指数：

四川华鳊

长江中上游常见的特有的溪流性小型鱼类，常用于油炸。

推荐指数：★★☆☆☆

Sinibrama taeniatus 四川华鳊

鳡鱼

鲤形目的超大型掠食性种类，在野外甚至可以捕食水鸟，是路亚爱好者心目中的神鱼之一。但肉质偏柴，味道一般。

推荐指数：☆☆☆☆☆

Elopichthys bambusa 鳡鱼

刀鲚

刀鲚是适应性特别强的广盐性种类，既可以终生在海中生活繁殖，也可以终生在淡水生活繁殖。长江四鲜之一的江刀是一部分生活在海中但保留了洄游繁殖习性的刀鲚。首先生殖洄游需要积攒能量所以肥美，其次进入淡水初期由于渗透压跟盐度变化使得肉质更细嫩且骨头软化，因此清明刀鱼确实是古代吃货的经验结晶。但并没有必要追求长江产的，各地在产季的洄游刀鱼肉质无差别。此外长江进入十年禁捕期，江刀也禁止销售，不推荐食客们去特别购买。养殖的高品质刀鲚当前也已经有少量上市销售，更为推荐。淡水陆封的湖刀脂肪不多且肉质偏腥，是长江中下游湖泊的常见廉价小杂鱼。

推荐指数：☆☆☆☆☆（养殖）

Coilia nasus 刀鲚

Coilia mystus 凤鲚

凤鲚

刀鲚的亲戚凤鲚则要亲民很多。产季带籽的凤鲚被称为凤尾鱼，是上海人餐桌上的常客，还有专门的凤尾鱼罐头，好吃不贵。

推荐指数：☆☆☆☆☆

带鱼

带鱼是产量最大的野捕海水鱼，由于其分布广、产量稳定、价格相对实惠，因此至今没有大规模商品化养殖。所谓深海鱼出水即死其实是误传，带鱼常会在浅水甚至水面活动，日本的海洋馆有活体带鱼展示。新鲜的带鱼体表为银色，肉质极其细嫩美味，清蒸跟酱油水是最佳的烹饪方式；冻品则肉质偏柴。传统“去鳞”的做法是由于条件所限无法保鲜，建议大家去海边时一定要尝试不去鳞的做法。热带海域生长的种类普遍存在骨质增生的情况，是为骨瘤，不影响食用，但可用以区分东海带鱼、北方带鱼跟热带种类带鱼，前两者相对更肥美且品质更高。

推荐指数：★★★★★

Trichiurus japonicus 日本带鱼

Trichiurus lepturus 高鳍带鱼

Lepturacanthus savala 沙带鱼

马鲛（鲅鱼）

马鲛是沿海地区广受喜爱的种类。北方称为鲅鱼。春季鲅鱼鲜美，做水饺也是极好的。胶东、辽东民众都特别喜欢鲅鱼水饺，还诞生了各种配料组合。而在南方，产季的马鲛鱼环切后清蒸、雪菜蒸或干煎都是大众喜爱的吃法，肉质细嫩。马鲛鱼丸亦颇受老人孩子的喜爱。浙江还有专门的马鲛鱼保护区，在限定季节禁止捕捞，用以恢复自然种群。

推荐指数：★★★★★

Scomberomorus koreanus 朝鲜马鲛

Scomberomorus niphonius 蓝点马鲛

长颌似鲹、沙氏刺鲅

长颌似鲹、沙氏刺鲅是南方大洋表层分布的中大型种类。常被鱼贩冒充成马鲛鱼向游客兜售，实则价格便宜，肉质偏硬偏柴。

推荐指数：★☆☆☆☆

Scomberoides lysan 长颌似鲹

Acanthocybium solandri 沙氏刺鲅

大眼海鲢

知名的海钓种类，跟淡水的鳡鱼外观颇为相似，肉质也一样不够好吃。

推荐指数：★☆☆☆☆

Elops machnata 大眼海鲢

Chirocentrus dorab 宝刀鱼

宝刀鱼

体形侧扁且长，特别像一柄长刀，故而得名。南海常见的低价海鲜，肉质一般。

推荐指数：★★★★★

Coryphaena hippurus 鲯鳅

鲯鳅

电影《少年派的奇幻漂流》的“主角”之一，大洋性表层鱼类，鲜活的时候色彩艳丽。本种肉质一般，市售新鲜度普遍欠佳。

推荐指数：★★★★★

Cololabis saira 秋刀鱼

秋刀鱼

秋刀鱼是价廉物美的烧烤常规种类，整箱购买小规格冻品价格实惠。但其实冰鲜的作为刺身肉质细嫩，但国内很少见到，偶有日韩进口。

推荐指数：★★★★★

魣

俗称海狼，大型表层掠食鱼类，是海钓爱好者常见的渔获物，肉质偏柴。

推荐指数：★★★★★

Sphyraena jello 斑条魣

鱚（沙尖鱼）

鱚在沿海地区一般被称为沙椎，广布的常见种类主要是多鳞鱚，南方还分布有斑鱚。椒盐做法，肉质细嫩，是产地很受欢迎的食材。

推荐指数：★★★★☆

油炸多鳞鱚

Sillago sihama 多鳞鱚

Sillago maculata 斑鱚

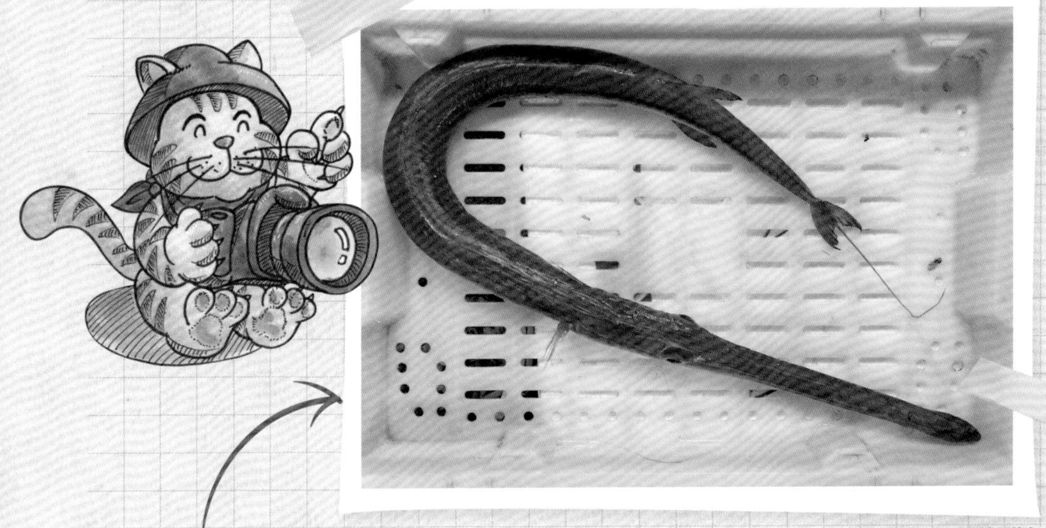

Fistularia petimba 鳞烟管鱼

烟管鱼

烟管鱼在热带海域喜欢悬浮于珊瑚礁附近，颇受潜水爱好者喜欢。是南海渔船的常规经济渔获，数量不多，肉质偏硬。

推荐指数：★★☆☆☆

Acanthocepola indica 印度棘赤刀鱼

Acanthocepola indica 印度棘赤刀鱼

赤刀鱼

浙江、福建分布较多，一般被称为红刀鱼，新鲜捕获的肉质尚可。本种幼体颜色鲜艳、体态优美，是近年来新兴的国产海水观赏鱼种类。

推荐指数：☆☆☆☆☆

孔虾虎鱼

孔虾虎鱼在多数地区是作为小杂鱼食用，但潮汕地区喜食，一般主要做煲，烹饪得当的话肉质不错。

推荐指数：☆☆☆☆☆

Trypauchen vagina 孔虾虎鱼

日本鳗鲡（河鳗）

鳗形

最有名的鳗鱼种类。所有鳗鲡的自然繁殖都需要回到深海，孵化后经过漫长的旅程以及体型的变态，最后进入淡水生活。海中透明侧扁的幼鱼被称为柳叶鳗，洄游到入海口的鳗苗价比黄金，贵的时候一条可以卖到几十元。人工繁育需要高压环境且幼体饲料难以解决，故而至今没有大规模商业繁殖。河鳗是南方宴席传统的重要菜品，清蒸、干菜蒸、豉汁蒸都广受喜爱，日式烤鳗现在也越来越被大众接受。值得一提的是，市售的养殖鳗鱼还有引进的美洲鳗鲡与欧洲鳗鲡，彼此的头部有细微差别，但肉质口感差别不大。

推荐指数：★★★★★

Anguilla japonica 日本鳗鲡

花鳗鲡

华南以及东南亚大量分布且体型巨大的鳗鲡，俗称鲈鳗，跟普通鳗鲡最大的差异是体表的云纹。可以达到几十斤重，野生个体属于二级国家重点保护野生动物。市售的为东南亚进口鳗苗养大的个体，做煲或者打边炉是常规吃法，与日本鳗鲡同样肥美但更有嚼劲。

推荐指数：★★★★★（进口）

Anguilla marmorata 花鳗鲡

黄鳝

黄鳝是合鳃鱼目最常见的种类，国内养殖量巨大。黄鳝游泳能力很弱，且由于其特殊的呼吸习性，耐缺氧但不能在深水长时间生活，往往生活在浅水或者躲藏在岸边石缝里，水田里也常能发现它们的身影。鳝糊、鳝丝、鳝段爆鳝是广受各地民众喜爱的吃法。需要注意的是，鳝鱼寄生虫较多，得注意彻底熟食才安全无忧，不推荐某些地方生喝黄鳝血的食用方式。

推荐指数：★★★★★

Monopterus albus 黄鳝

Cirrhimuraena chinensis 中华须鳗

须鳗

东南地区的菜市场经常可以看到的“鳗苗”，其实绝大多数都是中华须鳗的成体，其中偶尔也会混入蚓鳗以及豆齿鳗的幼体。一般椒盐。

推荐指数：★★★★☆

椒盐中华须鳗

豆齿鳗

闽南、潮汕地区称作土龙，是滋补上品。一般认为食蟹豆齿鳗最正宗，价格昂贵，但市面上也有很多杂食豆齿鳗销售。煲汤的话肉质偏柴。土龙酒被认为有壮阳的功效（其实没有），实则味腥且不好喝。

推荐指数：★★★★★

Pisodonophis boro 杂食豆齿鳗

Pisodonophis cancrivorus 食蟹豆齿鳗

大鳍蚓鳗

俗称虎鳗、竹竿鳗。厦门第八市场常见，体极长。闽南地区也称为“血鳗”，当作滋补上品，价格昂贵。

推荐指数：★★★★★

Moringua macrochir 大鳍蚓鳗

鹤海鳗

肉质硬、柴且刺多，相对被接受的吃法是晒成鳗鱼干后食用。闽东地区也有用它做鱼丸的。鱼鳔鲜美，经常被单独拿出来销售。

推荐指数：★★★★★

Muraenesox talabonoides 鹤海鳗

星康吉鳗（油鳗）

北方以及东南地区特别推荐的种类，肉质细腻且油脂含量高，特别肥美。闽东地区淡腌成鳗干后烹饪是特别好吃的做法，另有日式鳗鱼的做法也相当味美。

推荐指数：★★★★★

Conger myriaster 星康吉鳗

Conger myriaster 星康吉鳗

裸胸鳝（海鳝）

裸胸鳝跟海鳗的区别在于头部鳃盖后没有胸鳍，呈裸露状态，并因此得名。主要生活于热带珊瑚礁海域，躲在石缝中伺机捕食小鱼，也会在退潮时游到浅水捕食搁浅的小鱼。是钓鱼爱好者的噩梦，牙尖嘴利，可以一口咬穿手指留下四个血窟窿。肉质软嫩适中，大规格的比较肥美，最常见的吃法是做煲。

推荐指数：★★★★☆

Gymnothorax minor 小裸胸鳝

Gymnothorax reevesii 匀斑裸胸鳝

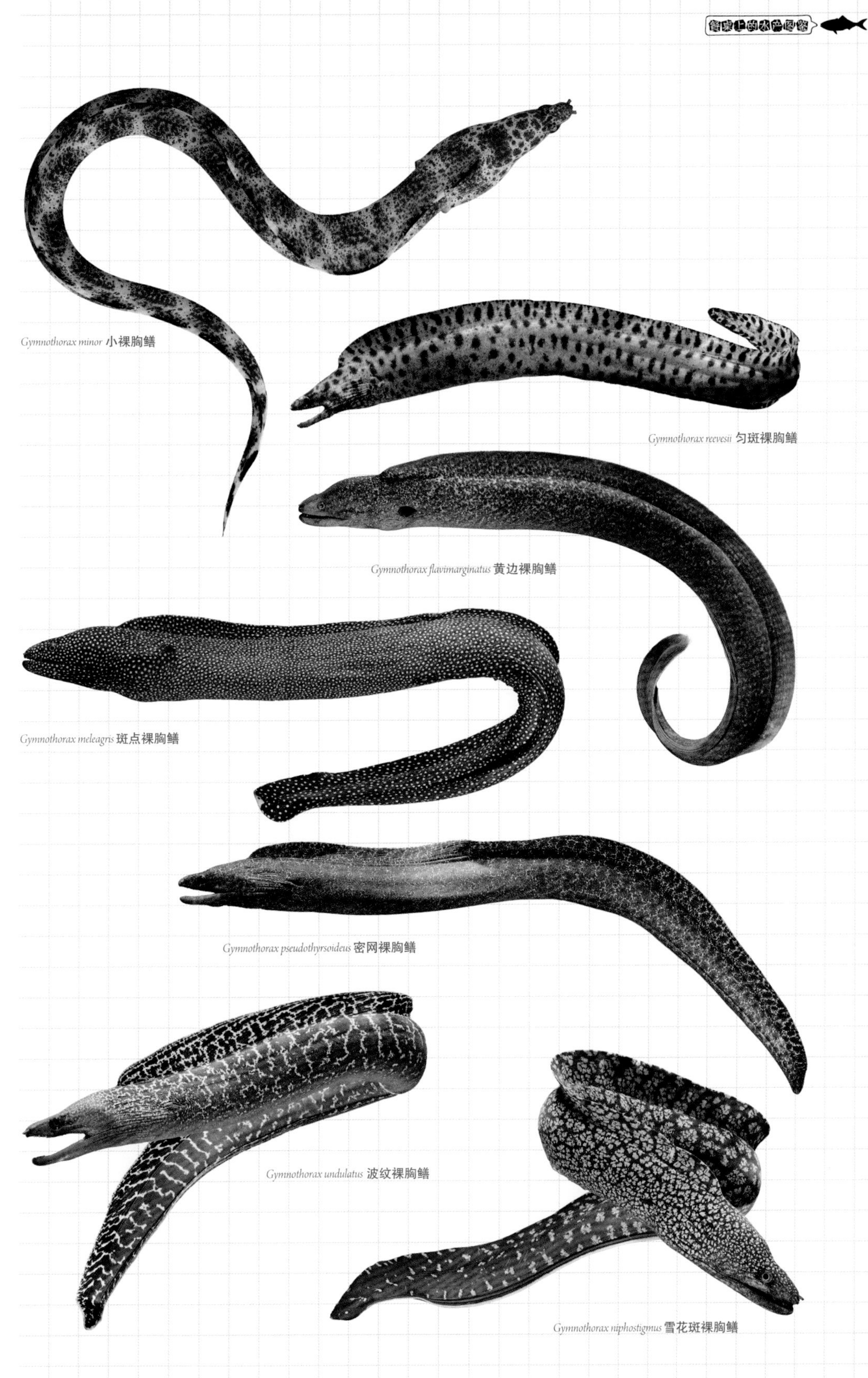

Gymnothorax minor 小裸胸鳝

Gymnothorax reevesii 匀斑裸胸鳝

Gymnothorax flavimarginatus 黄边裸胸鳝

Gymnothorax meleagris 斑点裸胸鳝

Gymnothorax pseudothyrsoideus 密网裸胸鳝

Gymnothorax undulatus 波纹裸胸鳝

Gymnothorax niphostigmus 雪花斑裸胸鳝

Eptatretus burgeri 蒲氏粘盲鳗

盲鳗

盲鳗国内产量不大且没有食用传统，但在韩国是广受喜爱的传统美食。活杀后烧烤，肉质细腻鲜嫩。

推荐指数：★★★★★

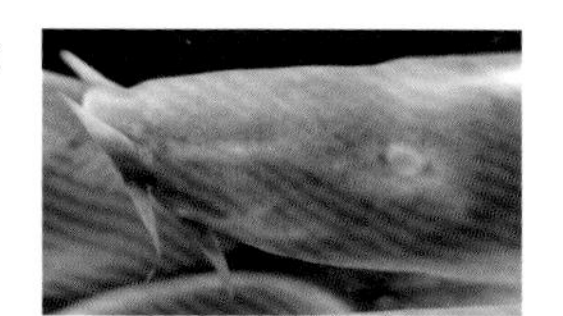

Eptatretus burgeri 蒲氏粘盲鳗

七鳃鳗

东北地区分布有三种七鳃鳗，都是当地人旧时喜爱的美食。本属在国内有分布的种类现均已列入国家重点保护野生动物名录，且没有人工养殖，故不推荐食用。

推荐指数：☆☆☆☆☆

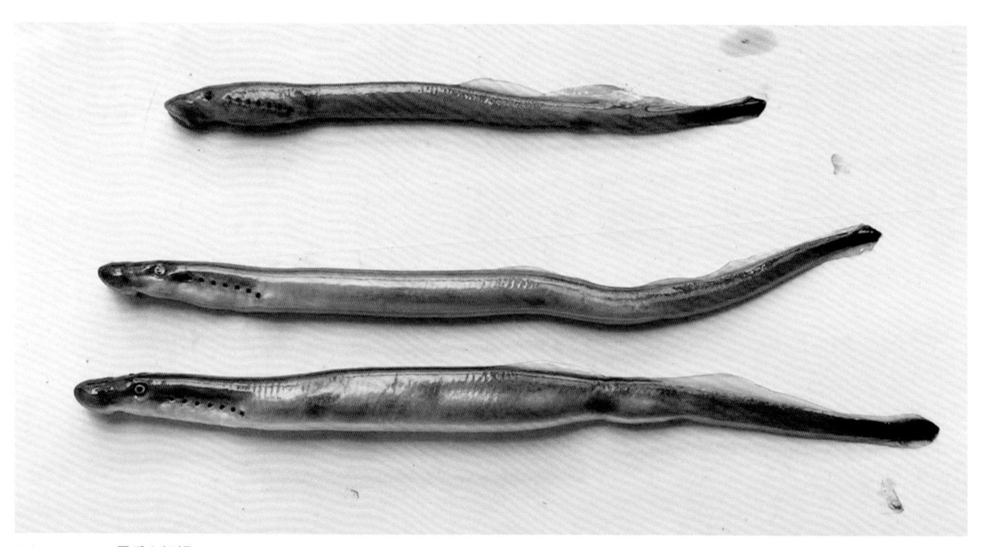

Lethenteron reissneri 雷氏七鳃鳗

须鳗虾虎鱼

须鳗虾虎鱼会随着潮水进入淡水河道甚至湖泊，常见于新闻中“某地发现了怪鱼”。肉质细嫩，常规烹饪即可。

推荐指数：★★★★★

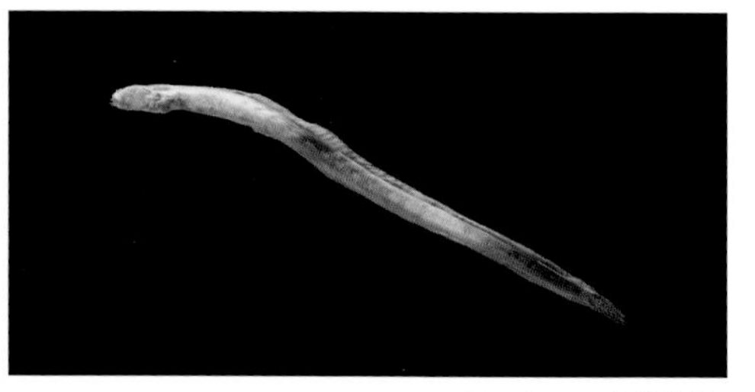

Taenioides cirratus 须鳗虾虎鱼

斑尾刺虾虎鱼（沙光鱼）

近年来被发掘出来并大规模商业养殖的大型虾虎鱼。本种是全球最大的虾虎鱼，因为其生长迅速故而含水量极高，肉质极其细嫩鲜美。商品名小龙鱼，推荐各种烹饪方式。

推荐指数：★★★★★

Acanthogobius ommaturus 斑尾刺虾虎鱼

Acanthogobius ommaturus 斑尾刺虾虎鱼

日本笠鳚

黄海、渤海分布的种类，头顶装饰有很特别的“绣球”。肉质细嫩，味美。

推荐指数：★★★★☆

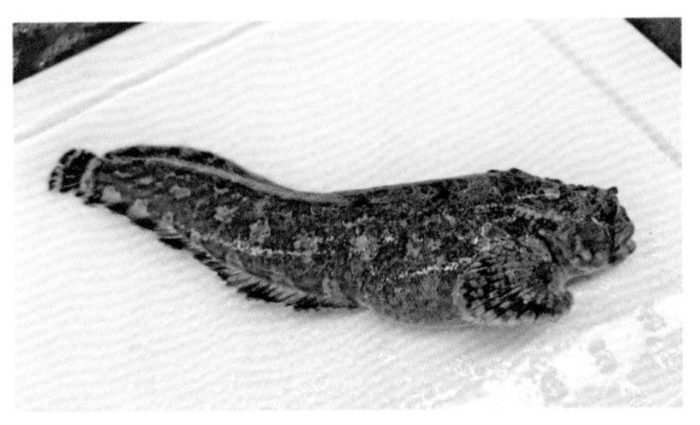

Chirolophis japonicus 日本笠鳚

吉氏绵鳚

黄海、渤海分布的种类，肉质鲜嫩。

推荐指数：★★★★☆

Zoarces gilli 吉氏绵鳚

草鱼

曾是养殖量最大的淡水鱼，传统的四大家鱼之一。肉质细嫩，但烹饪时需要注意火候，汆熟后葱油是最适合且鲜美的食用方式。特别不推荐用草鱼做的西湖醋鱼，味腥。草鱼做的顺德鱼生是另一款不推荐的菜品，寄生虫风险极大且肉质一般，完全可以用更安全的海鱼替代。两广地区有一种上市前以蚕豆喂养并放入活水的草鱼，被称为脆肉鲩。草鱼吃蚕豆后中毒会导致肌肉僵化，鱼不会死亡，但具有了特殊的口感。脆肉鲩熟食爽脆，鱼肉怎么烧都不会化，特别适合鱼腩打边炉，冬季去两广的话千万不要错过。

推荐指数：★★★★★

Ctenopharyngodon idella 草鱼

Mylopharyngodon piceus 青鱼

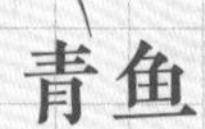

青鱼

四大家鱼中体型最大的。形似草鱼，但体色偏黑，被称为乌草。自然环境中喜食螺贝类，因此也被称作螺蛳青。肉质鲜嫩。东南地区传统上喜欢在冬季干塘时把捕获的青鱼晒成鱼干而后蒸着吃，新鲜的清蒸也颇为鲜美，有小刺。

推荐指数：★★★☆☆

Acipenser schrenckii ♀ × *Acipenser baeri* ♂ 杂交鲟

鲟

鲟鱼可以轻松长至百斤，市售斤把的个体其实还是个宝宝。小规格的鲟鱼一般清蒸，而大规格的主要用于取鱼子酱。过去取鱼子酱必须杀亲鱼取卵，培育时间长、成本高，现在采用活鱼麻醉剖腹取卵的方法，次年可以再次取卵，使得成本大大降低。鲟鱼肉质偏粗，胜在肉多无小刺。

推荐指数:

鲴

淡水河流中常见的偏植食性的种类，也是钓友日常渔获，肉质不够鲜嫩且刺多。

推荐指数:

Xenocypris microlepis 细鳞鲴

Distoechodon sp. 鲴

Xenocypris argentea 银鲴

光倒刺鲃（军鱼）

武夷山景区鱼排下嬉戏的鱼群的主角就是光倒刺鲃，东南地区广布，在产地最常用的名字是军鱼、将军鱼。很多地方喜欢不去鳞下锅蒸煮，肉质细嫩但小刺多。

推荐指数：★★★★★

Spinibarbus hollandi 光倒刺鲃

Hemibarbus maculatus 花䱻

Hemibarbus labeo 唇䱻

䱻

广布种。花䱻现在的养殖量非常大，是便宜且肉质尚可的种类，特点是尾部密布黑点。䱻属种类肉质口感适中但刺多。

推荐指数：★★☆☆☆

短头梭鲃（银鳕鱼）

原产中亚的引进种，由于繁殖方便生长迅速，近年来养殖规模很大，价格低廉。商品名为“银鳕鱼”“天山鳕鱼”，实则与海产银鳕鱼差异很大。刺多且肉质偏柴。

推荐指数：★★☆☆☆

Luciobarbus brachycephalus 短头梭鲃

Schizothorax prenanti 齐口裂腹鱼

齐口裂腹鱼（雅鱼）

四川的名贵淡水鱼，俗称雅鱼。野生的炒作到百多元一斤，养殖的产量不小，售价不到二十元一斤且更肥美。肉质细嫩但刺多。

推荐指数：★★★☆☆

花斑裸鲤

名贵的养殖高原冷水鱼，当前四川养殖量较大，肉质肥美。

推荐指数：★★★☆☆

Gymnocypris eckloni 花斑裸鲤

Percocypris pingi 金沙鲈鲤

金沙鲈鲤

长江中上游的中大型掠食性鲤形目种类，野外种群为二级国家重点保护野生动物，不推荐食用，但四川有大规模人工养殖。肉质尚可但多小刺。

推荐指数：★★★☆☆（养殖）

似鲶高原鳅

中国最重的鳅科鱼类，黄河流域特有种，野生的属于二级国家重点保护野生动物，但人工养殖量颇大且价格相对亲民，可尝试各种炖烧方式。

推荐指数：★★★☆☆（养殖）

Triplophysa siluroides 似鲶高原鳅

光唇鱼类（淡水石板鱼）

光唇鱼类广泛分布于东南地区，有十多个不同种类。食用最多的是分布在浙江等地的光唇鱼，俗称石板鱼，生活在清水溪流中，彩色的身体带黑色斑纹，在溪流中颇为好看，喜刮食石头上的藻类。浙江山区颇为推崇，价格也不便宜，但肉质总体偏柴且刺多，焖烧或者做鱼干是常规食用方法。

推荐指数：

Acrossocheilus fasciatus 光唇鱼

Acrossocheilus hemispinus 半刺光唇鱼

华鳈

湖泊及河道的底栖种类，民间认为是石板鱼的一种，黑黄间隔的斑马纹非常漂亮，因而也常出现在观赏鱼市场。鳈属的雌性有外拖的产卵管，可以以此分辨性别。肉质则远不如外观那么美好。

Sarcocheilichthys sinensis 华鳈

白甲鱼

除多鳞白甲鱼分布在北方，其他白甲鱼都是南方市场常见的野生食用鱼。多鳞白甲鱼鳞片比较细密，在泰山被当作宝贝，养殖的照样可以卖到几百元的“天价”，其实在北京、河北以及秦岭地区都是作为小杂鱼卖几十元一斤，且肉质并不出色。本属的常见种类、长江中上游干流的白甲鱼体型壮硕，可长到几斤重，但多数都是不足五百克的中小型种类。生活在清水溪流中，肉质一般。

推荐指数：

Scaphesthes macrolepis 多鳞白甲鱼

Onychostoma sima 白甲鱼

Onychostonua leptura 细尾白甲鱼

三块鱼

三块鱼是鲤形目中很特殊的种类，成鱼之后在海水中生活，洄游进入淡水产卵，每年五月会进入绥芬河等水域产卵，东宁是最主要产地。本种兼具淡、海水鱼类的特点，细嫩肥美且体型大，但仍有小刺（跟洄游刀鱼、鲥鱼一样是软刺）。

推荐指数：★★★★☆

Tribolodon hakonensis 珠星三块鱼

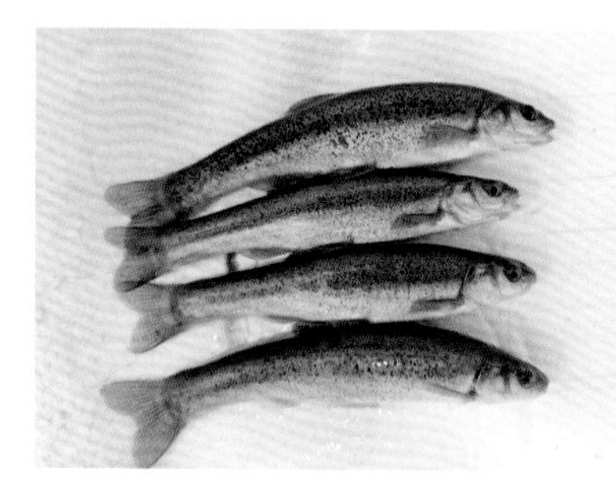

Rhynchocypris lagowskii 拉氏大吻鱥

大吻鱥（柳根）

近年来新兴挖掘出来的养殖种类，原产北方，被叫作柳根。肉质细嫩，富含脂肪，特别适合椒盐的做法，强推一波，而东北传统的家烧乱炖反而肉质一般。

推荐指数：★★★★★

麦穗鱼

全国广布的小型淡水鱼类，广泛分布于江河湖泊。是油炸淡水小野鱼的主要食材。

推荐指数：★★★★★

Pseudorasbora parva 麦穗鱼

棒花鱼

棒花鱼是河流湖泊以及池塘里常见的底栖型小鱼。是椒盐淡水小杂鱼中肉质相对细嫩肥美的种类。

推荐指数：★★★★★

Abbottina rivularis 棒花鱼

蛇鮈、似鮈（棍子鱼）

江河中分布的蛇鮈、似鮈由于体型也被称作棍子鱼。受过度挖沙的影响，近年来种群衰退很快。肉质细嫩但刺多。

推荐指数：★★★★★

Pseudogobio vaillanti 似鮈

Saurogobio dabryi 蛇鮈

纹唇鱼

纹唇鱼是华南广布且渔获量很大的中小型种类，偏植食性。肉质一般且刺多。

推荐指数：★★★★★

Osteochilus salsburyi 纹唇鱼

Decorus rendahli 伦氏桂鲮

桂鲮

清水溪流性种类，长江中游、华南各水系中上游分布。肉质一般。

推荐指数：★★☆☆☆

卷口鱼（老鼠鱼）

多分布在广西，在当地被称为老鼠鱼，得名于其多须的嘴部。多嫩肉但同样多刺。

推荐指数：★★★☆☆

Ptychidio jordani 卷口鱼

Discogobio tetrabarbatus 四须盘鮈

盘鮈、拟缨鱼

盘鮈、拟缨鱼等小型底栖的清水溪流性种类，在长江中游、华南各水系中上游均有分布，是当地常见的食用小杂鱼。肉质一般。其中拟缨鱼在广西被称为巴马油鱼，较为知名。

推荐指数：★★☆☆☆

Pseudocrossocheilus bamaensis 巴马拟缨鱼

鳢（黑鱼）

鳢在欧美被称为蛇头鱼，具备强大的鳃上呼吸器，不惧怕缺氧环境。有护仔的习性，捕捉者会利用此习性以鱼叉抓捕孵幼的亲鱼。斑鳢的典型特征是头部有“一八八”斑纹。南鳢是华南分布的小型种类，在滇南被称作大头鱼。线鳢在西双版纳有自然分布，现在成了广东的入侵物种。人工大量养殖的主要是乌鳢、斑鳢的杂交后代，是酸菜鱼、水煮鱼的重要原料，刺虽不少但并没有叉状肌间刺，加工时注意手法可以得到无刺且鲜嫩的鱼肉，生炒鱼片或者打边炉也是常见的做法。

推荐指数：★★★★☆

Channa maculata 斑鳢

Channa argus 乌鳢

Channa maculata 斑鳢

Channa gachus 南鳢（大头鱼）

Channa striata 线鳢

月鳢（七星鱼）

月鳢最出名的俗称叫作七星鱼，是广泛分布于东南地区溪流与山塘的中大型鳢科鱼，跟近亲黑鱼最大的区别是没有腹部的腹鳍。部分区域的雌性个体色彩艳红，用作观赏鱼。食用方式类似黑鱼，但华南多个产地把它作为滋补佳品，价格昂贵。

推荐指数：

Channa asiatica 月鳢

Channa asiatica 月鳢

塘鳢

沙塘鳢与塘鳢本质上都是中大型的虾虎鱼。从淡水溪流到海洋均有分布。

葛氏鲈塘鳢（老头鱼）

特别鲜嫩好吃的有产于北方的葛氏鲈塘鳢，俗称老头鱼，肉质细嫩，鲜味十足，最普通的铁锅炖鱼家烧都难掩其美味。

推荐指数：★★★★★

Perccottus glenii 葛氏鲈塘鳢

Perccottus glenii 葛氏鲈塘鳢

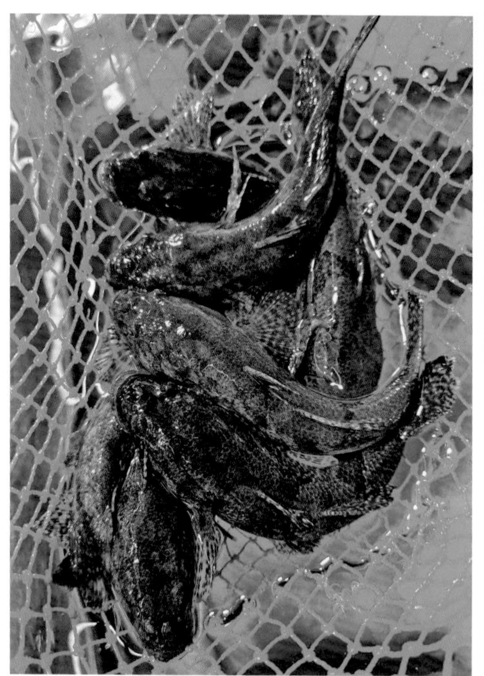

Odontobutis sinensis 中华沙塘鳢

Odontobutis sinensis 中华沙塘鳢

中华沙塘鳢

国内最常见的当属沙塘鳢，广泛分布于各地，是传统的滋补佳品，但烧熟后肉质偏硬。

推荐指数：★★★★☆

中华乌塘鳢、尖头塘鳢

入海口生活的广盐性种类有中华乌塘鳢、尖头塘鳢等，也是声名在外，但肉质稍柴。

推荐指数：★★★☆☆

Eleotris oxycephala 尖头塘鳢

Bostrychus sinensis 中华乌塘鳢

云斑尖塘鳢（笋壳鱼）

近年来从东南亚引进的云斑尖塘鳢（笋壳鱼）的价格越来越亲民，从高档海鲜酒楼走进了寻常人家。肉质细腻且对烹饪火候宽容度高，小白居家也能做出细嫩的清蒸笋壳鱼，椒盐做汤也是极好的。在海南已经有了入侵种群，其中部、南部的菜市场十几元就能买到。

推荐指数：★★★★★

Oxyeleotris marmorata 云斑尖塘鳢

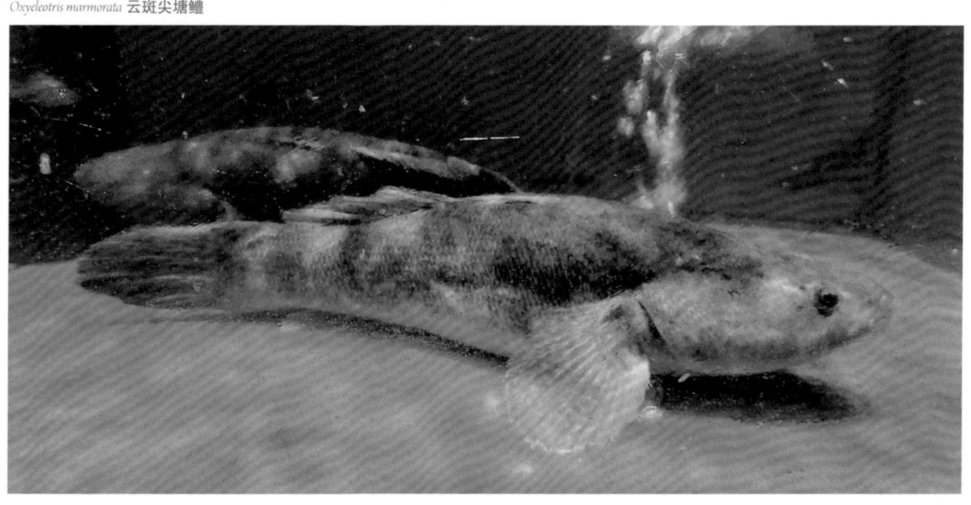

Oxyeleotris marmorata 云斑尖塘鳢

髭缟虾虎鱼

沿海常见的中小型虾虎鱼，由于其头部尤其下颌密布触须，收获了“钟馗虾虎”的昵称。肉质细嫩，适合各种食用方式。

推荐指数：☆☆☆☆☆

Tridentiger barbatus 髭缟虾虎鱼

纹缟虾虎鱼

沿海常见的中小型虾虎鱼，肉质细嫩，适合各种食用方式。

推荐指数：☆☆☆☆☆

Tridentiger trigonocephalus 纹缟虾虎鱼

真吻虾虎鱼

淡水常见的中型虾虎鱼，钓鱼爱好者的噩梦，会疯狂咬钩吞钩影响垂钓。很多地区会挑出来做椒盐，是椒盐淡水小杂鱼里肉多味鲜的存在。

推荐指数：☆☆☆☆☆

Rhinogobius similis 真吻虾虎鱼

大弹涂鱼（跳跳鱼）

东南地区的传统滋补佳品，传统上主要以煲汤的方式烹饪，肉质偏硬，推荐改用椒盐的方式，可使肉质兼具爽脆与软嫩。

推荐指数：☆☆☆☆☆

Boleophthalmus pectinirostris 大弹涂鱼

松江鲈

会洄游进入淡水的杜父鱼科鱼类，野外种群是二级国家重点保护野生动物，不推荐食用。有人工养殖的上市销售，价格颇高。

推荐指数：☆☆☆☆☆（养殖）

Trachidermus fasciatus 松江鲈

攀鲈

华南分布的鲈形目种类，传说中能上树的鱼类（并不能），具有强悍的鳃上呼吸器官可以在低氧环境中生活，全身多硬刺因此甚至可以在陆地上爬行很长一段距离。海南部分地区喜食攀鲈，虽然加工麻烦且扎手，但去硬壳后里面的鱼肉颇为细嫩且少刺。

推荐指数：★★★☆☆

Anabas testudineus 攀鲈

鲻、鲮

鲻鱼是常见的表层种类，时常成群活动于入海口甚至排污口，深圳湾公园逆流冲水乌泱泱整片的就是它们。作为广盐性种类也常会进入淡水河道。此外，国内特别常见并大量人工养殖的是鲮。鲻、鲮的鱼肉质细腻，但由于偏植食性，所以具有一股淡水鱼腥味，因此口碑相对两极分化。

推荐指数：★★★★☆

Liza haematocheila 鲮

Mugil cephalus 鲻

金枪鱼

鲭科的种类普遍存在新鲜或急冻的刺身细嫩味美，但熟食脂肪流失、肉质偏柴的问题，即便鼎鼎大名的蓝鳍金枪鱼亦不得幸免。所幸金枪鱼熟制品罐头作为减肥瘦身餐的优质蛋白来源广受圈层喜爱，市售金枪鱼罐头的主要原料的是黄鳍金枪鱼，也包含了鲔、鲣等种类。近海还有一种肉质细腻不带筋膜的青干金枪鱼，性价比很高。刺身界的天花板是蓝鳍金枪鱼鱼腩的前部，被称作大 TORO，价格昂贵。20 世纪末以来，日本在人工繁育蓝鳍金枪鱼方面实现了突破，近畿大学实验室人工繁殖的已到 F3 代，而大规模商业养殖的 F2 代更是从长崎开始推广至全球。养殖蓝鳍金枪鱼 70 ～ 110 千克上市规格的肥美程度可超过野生 400 千克级的，且新鲜度更易控制，逐渐成为了市场的宠儿，价格则日趋平民化。

推荐指数：★★★★☆

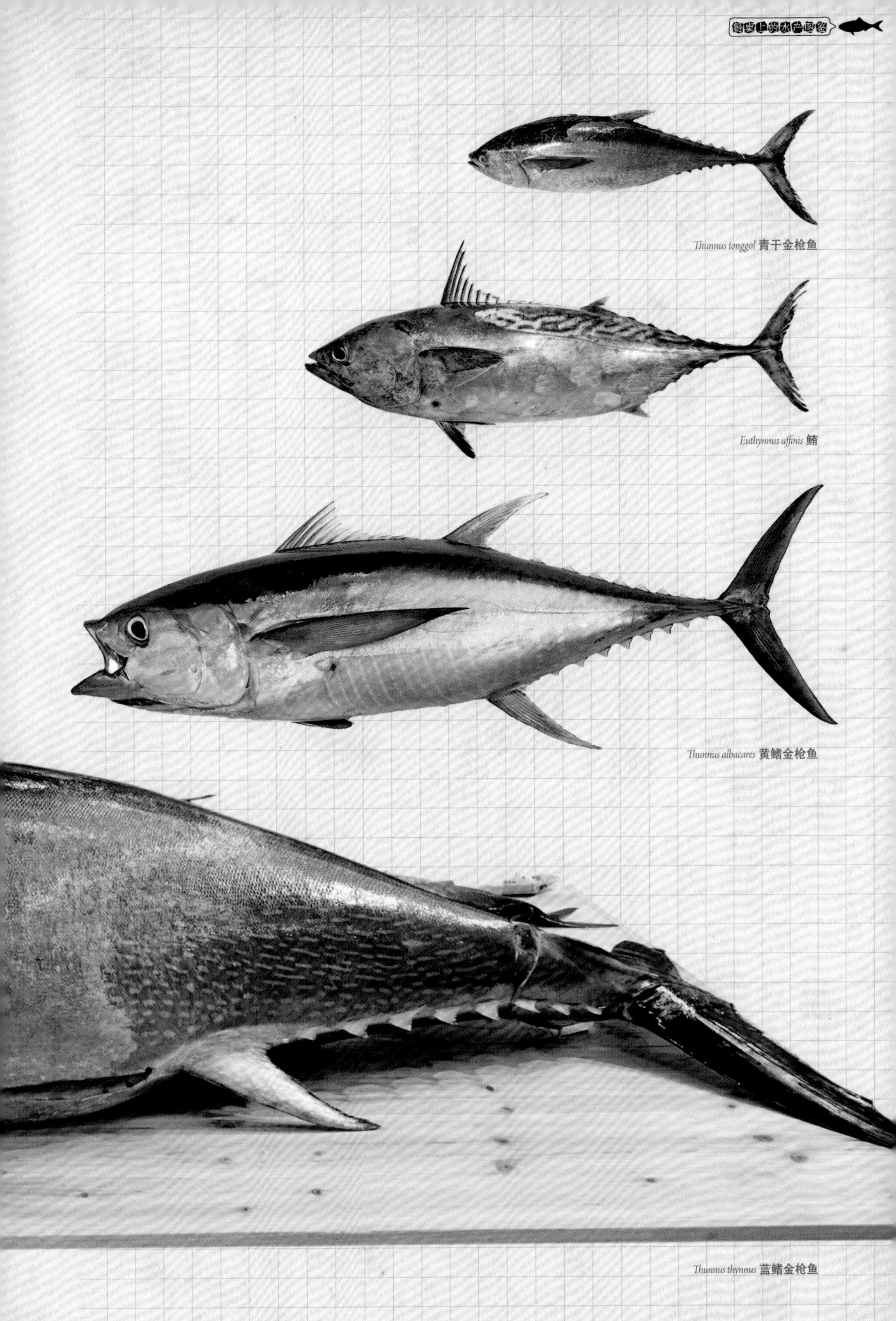

Thunnus tonggol 青干金枪鱼

Euthynnus affinis 鲔

Thunnus albacares 黄鳍金枪鱼

Thunnus thynnus 蓝鳍金枪鱼

蛇鲭（白金枪）

单论刺身口感，蛇鲭真的相当优秀，日料中被称作白金枪，嫩滑肥美入口即化。但由于富含蜡质，稍多摄入就会导致屁股漏油，可谓开塞神器。冒充银鳕鱼用于熟食则更容易中招。本种口碑两极分化，少量作为刺身食用推荐指数五星，日常食用负分。

推荐指数：★★★★★（刺身）　　推荐指数：☆☆☆☆☆（日常食用）

Lepidocybium flavobrunneum 异鳞蛇鲭

鰤

纺缍鰤

Elagatis bipinnulata 纺缍鰤

鰤鱼广布于沿海各地，熟食由于脂肪流失，肉质偏柴，口感不佳，但却是不错的刺身材料。其中只分布于热带的纺锤鰤肌肉脂肪含量低，刺身质感相对普通，在南海垂钓时可以尝试。

推荐指数：★★★★★

Elagatis bipinnulata 纺缍鰤

黄条鰤

生活于温带及寒带的鰤鱼，肉质肥美且具有特殊香味。品质最好的是冬季的黄条鰤，在日本被称为寒鰤，鱼腩极其肥美且没有蓝鳍金枪鱼的微酸口感。

推荐指数：★★★★★

Seriola lalandi 黄条鰤

鲐

又名日本鲭，渤海、黄海地区称作鲐鲅，而南方叫作青花鱼，为大洋表层种类。高品质的放血保鲜后是上好的刺身材料，醋鲭鱼则是颇受欢迎的廉价日料，市场销售的绝大多数保鲜不当故而价格便宜且不适合生食。熟食后脂肪流失肉质偏柴，类似鸡胸肉，鲭科种类普遍存在此问题，比如金枪鱼（炮弹鱼）等。

推荐指数：★★★★★（刺身）

推荐指数：★★★★☆（熟食）

Scomber japonicus 鲐

Scomber japonicus 鲐

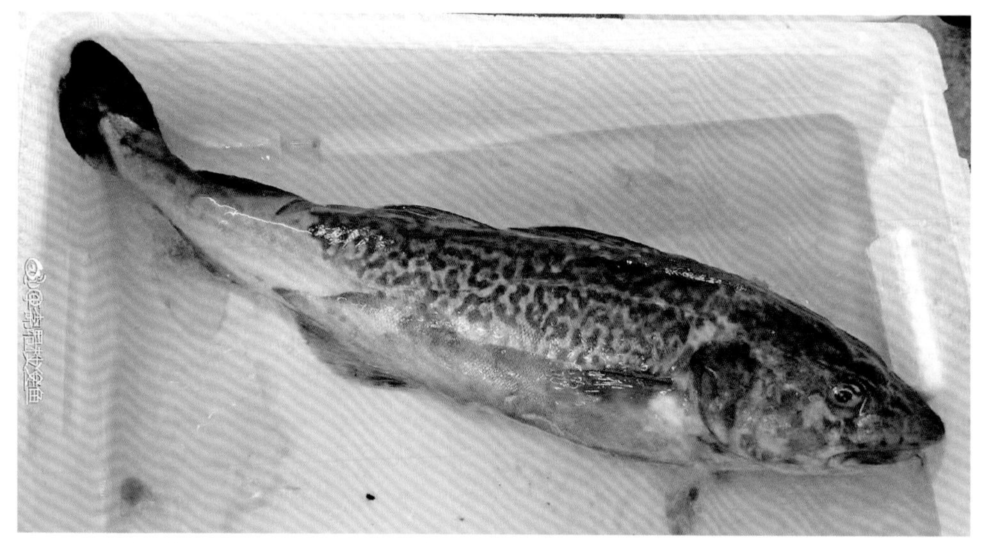

Gadus macrocephalus 太平洋鳕

太平洋鳕

黄海、渤海有分布，每年冬、春季固定时节会出现，是当地重要的游钓种类。大规格的肉质一般，但是理想的高性价比的蛋白来源。

推荐指数：★★★☆☆

黄线狭鳕（明太鱼）

俗称明太鱼，是北太平洋最重要的经济种类之一，也是各种鱼肉鱼糜制品的重要原料。一般都去头整箱销售，蒜瓣肉带一定的弹性，以其价廉物美深受北方民众喜爱。

推荐指数：★★★★☆

Gadus chalcogramma 黄线狭鳕

裸盖鱼（银鳕鱼）

即鼎鼎大名的银鳕鱼，市售都是环切或切块的。被吹上天的辅食，实则由于位于食物链顶端，并不适合孕妇、婴幼儿食用。肉质细嫩，富含脂肪，成年人可适量食用。

推荐指数：★★★★☆

Anoplopoma fimbria 裸盖鱼

真假午鱼

马鲅（午鱼）

是个人最推荐的南方沿海海水鱼，没有之一。视季节才能捕捞到最肥美的野生大规格个体，价格小贵。近年来台湾水产专家在广东湛江大量推广人工养殖后，小规格肥美的养殖马鲅已经成为了市场的宠儿。这是南海极少数脂肪肥美且熟食不会流失的种类，只是其独特的油脂清香并非所有人都喜爱。强推清蒸豉汁、蒸酱油水的做法。

推荐指数：★★★★★

Eleutheronema tetradactylum 四指马鲅

Chanos chanos 虱目鱼

虱目鱼

台南名菜的原料，清汤是最主要做法，但腥味太重，只有少数地区喜食。价格便宜，但在闽南地区常被冒充成午鱼卖出相对高价。由于其体格强壮且有群游习性，在海洋馆获得了“新生”，各地海洋馆水族缸里的鱼群风暴主角基本都是它们。

推荐指数：★☆☆☆☆

Polydactylus sextarius 六指马鲅

六指马鲅

小型的马鲅种类，肉质同样鲜嫩好吃。

推荐指数：★★★★★

龙头鱼（豆腐鱼）

看起来像深海鱼，其实为近海表层速生型鱼类，由于海洋过度捕捞空出了生态位因而大量繁殖。由于水分含量太高易腐败，过去只见于沿海，很少卖到内陆，甚至杭州、上海这样临近海边的城市也没有新鲜货销售，嵊泗岛名菜东海小白龙就是专门针对上海游客的菜品，售价较高。新鲜的龙头鱼肉质水嫩，口感如嫩豆腐且鲜美，酱油水甚至清蒸都是极好的，椒盐、家烧也同样好吃，可以用吸食的方式去吃肉。近年来随着物流的发展，以豆腐鱼、九肚鱼的名字，越来越多地出现在各地的餐桌上，但新鲜的还是得去海边，挑选肉质粉红、鳃有血色的即可。

推荐指数：★★★★★

Harpadon nehereus 龙头鱼

清蒸龙头鱼

红烧龙头鱼

炖煮龙头鱼

细纹狮子鱼

黄海、渤海有分布的冷水性近岸海水鱼，当地俗称大姑娘鱼或者海兔子鱼，身体呈蝌蚪状，腹部具有吸盘可以吸附在光滑的岩石上。比较常见的吃法是加工成鱼干后泡发撕碎作为凉拌菜，但新鲜的用最普通的红烧做法即可，肉质细嫩。

推荐指数：★★★★☆

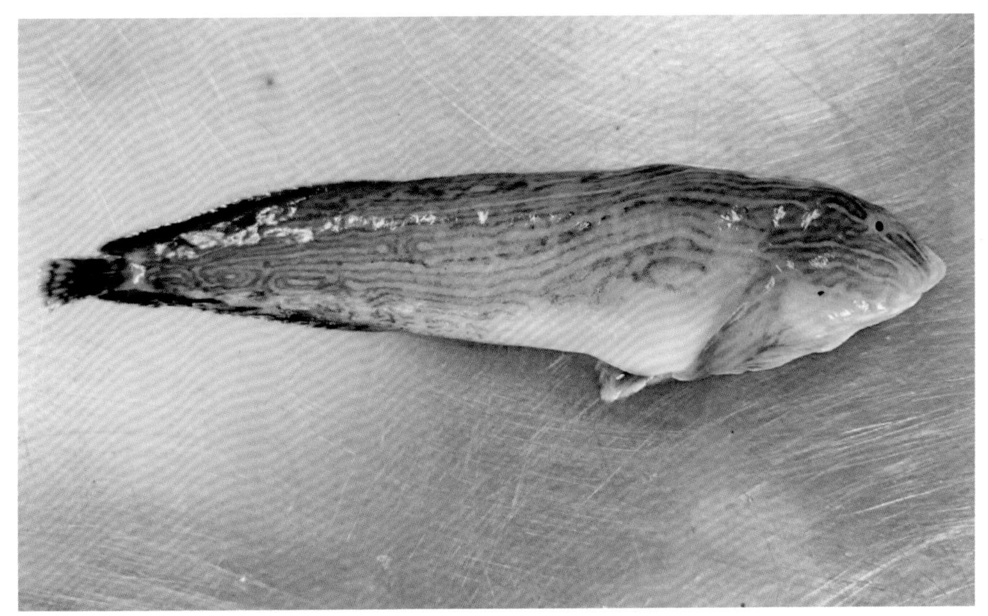

Liparis tanakae 细纹狮子鱼

鳄蛇鲻

潮汕鱼丸的重要原料，但细刺太多肉质也偏硬，不太适合常规烹饪方式。

推荐指数：★☆☆☆☆

Saurida wanieso 鳄蛇鲻

大头狗母鱼

南海常见种类，长相跟蛇鲻类似但嘴大且体色鲜艳，肉质偏硬。

推荐指数：★☆☆☆☆

Trachinocephalus myops 大头狗母鱼

Cypselurus agoo 真燕鳐

真燕鳐（飞鱼）

真燕鳐俗称飞鱼，是可以借助鱼鳍飞出水面的特殊种类。虽然肉质偏硬但鱼籽好吃。飞鱼籽是重要的海产休闲食品，广泛应用于食品加工业。

推荐指数：★★★★★

军曹鱼（海鲡鱼）

南方热带海域的群游性大型鱼，在海南有大规模网箱养殖。最初作为刺身食用，现在主要环切后干煎，用以弥补马鲛鱼种群衰退产生的市场空缺，价格合理，肉质尚可。

推荐指数：★★★★★

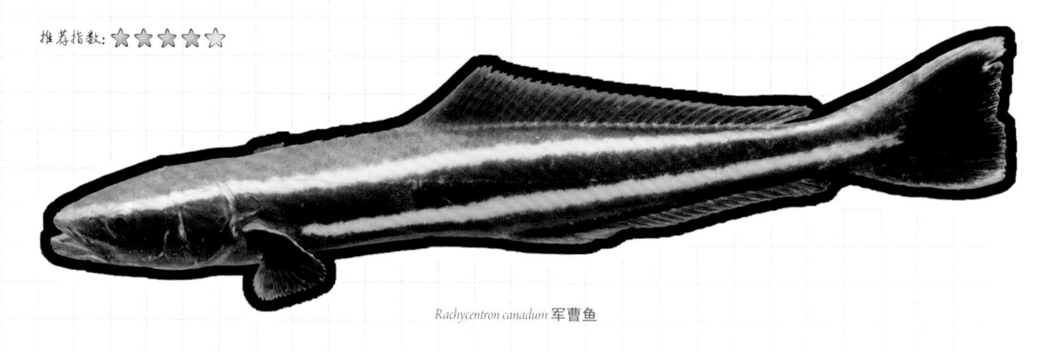

Rachycentron canadum 军曹鱼

Echeneis naucrates 鮣鱼

鮣

头部具有类似壁虎脚蹼的特殊结构，可以牢牢吸在其他海洋生物或者船只底部搭车出行，在海龟与鲸鲨身上总能看到它们的身影，肉质一般。

推荐指数：★★★★★

Sebastiscus marmoratus 褐菖鲉

褐菖鲉（石九公）

近海较常见的鲉形目小型种类，常被称作老虎鱼或者石头鱼，礁岩区海钓的常见种。一般焖着吃，肉质稍硬。

推荐指数：★★☆☆☆

Sebastiscus marmoratus 褐菖鲉

玫瑰毒鲉（石头鱼）

南海常见的有毒鱼类，如果不小心被刺伤，轻则剧痛，重可危及生命，但剥皮去内脏做汤又是鲜嫩有弹性的存在，因此活鱼一直价格较为昂贵。

推荐指数：★★☆☆☆

Synanceia verrucosa 玫瑰毒鲉

蓑鲉

一类常见的有毒海水鱼，一般鱼类都不敢轻易靠近，也因此成为了中美洲的入侵种类。在南海地区价格不贵，肉质比较细嫩有弹性。

推荐指数：★★★★☆

Pterois sp. 蓑鲉

真假鬼鲉

日本鬼鲉

在闽南、潮汕被认为有特殊功效因而价格颇贵的海水鱼类，一般以活体销售，肉质细嫩有弹性。

推荐指数：★★★★☆

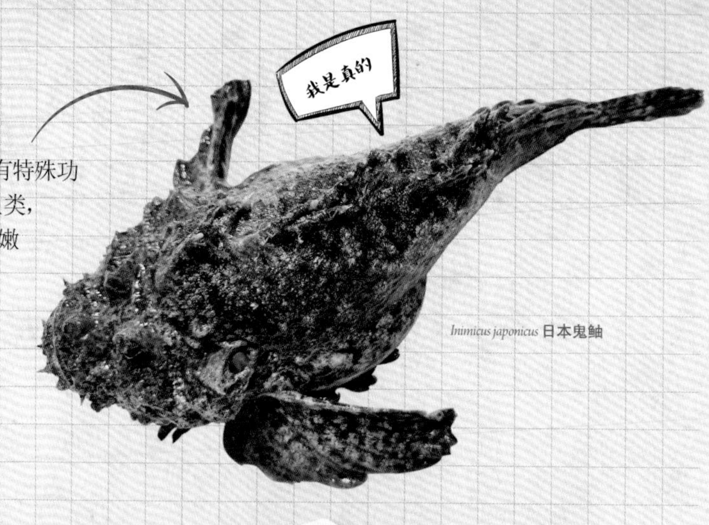

Inimicus japonicus 日本鬼鲉

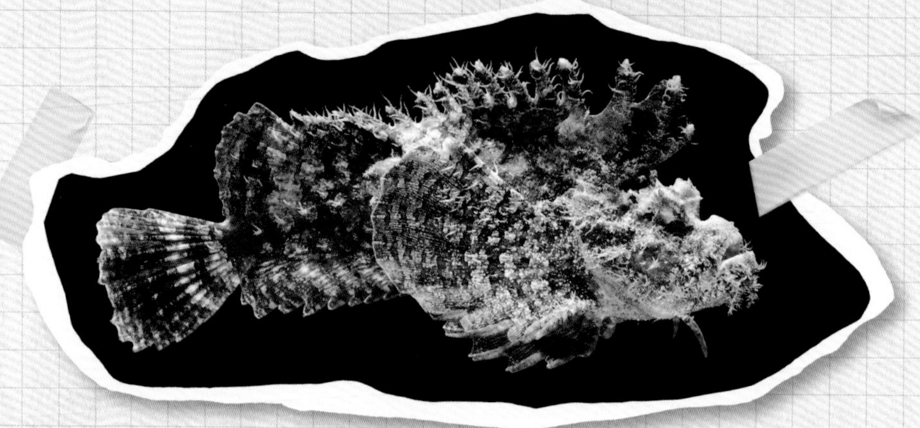

Inimicus japonicus 日本鬼鲉

太平洋绒杜父鱼

可见于黄海、渤海，俗称先生鱼。在产地是价格便宜的常规种，但现在经常被运到福建、广东冒充日本鬼鲉卖高价。肉质细嫩有弹性。

推荐指数：★★★★☆

Hemitripterus villosus 太平洋绒杜父鱼

大翅鲉（金吉鱼）

知名日料刺身种类，肥美个体肉质软嫩，但熟食稍硬。

推荐指数：★★★★★

Sebastolobus macrochir 大翅鲉

魔拟鲉

俗称石狗公，是南海礁岩海钓常见种类，类似褐菖鲉肉质稍硬。

推荐指数：★★☆☆☆

Scorpaenopsis neglecta 魔拟鲉

斑鳍鲉

近海较常见的鲉形目中型种类，常被称作老虎鱼或者石头鱼，是礁岩区海钓的常见种。一般焖着吃，肉质稍硬。

推荐指数：★★☆☆☆

Scorpaena neglecta 斑鳍鲉

绿鳍鱼

近岸底栖型海鱼，胸鳍不但特化出可以爬行的“足”，还有鲜艳的色彩。肉质偏硬。

推荐指数：★★☆☆☆

Chelidonichthys spinosus 棘绿鳍鱼

Upeneus japonicus 日本绯鲤

绯鲤

底栖种类，会用特有的胡须搜索底层泥沙中的食物碎屑，肉质软嫩适中。

推荐指数：★★★☆☆

Upeneus japonicus 日本绯鲤

螣

常规保鲜的螣肉质稍硬，但披肩螣是螣类中比较好吃的种类，尤其鲜活个体。

推荐指数：★★★☆☆

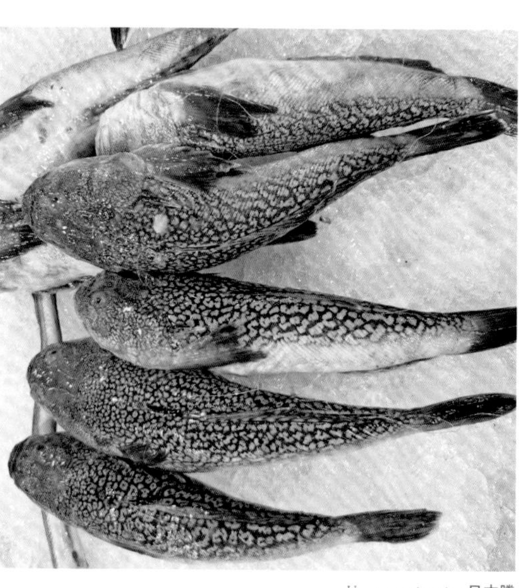

Uranoscopus japonicus 日本螣

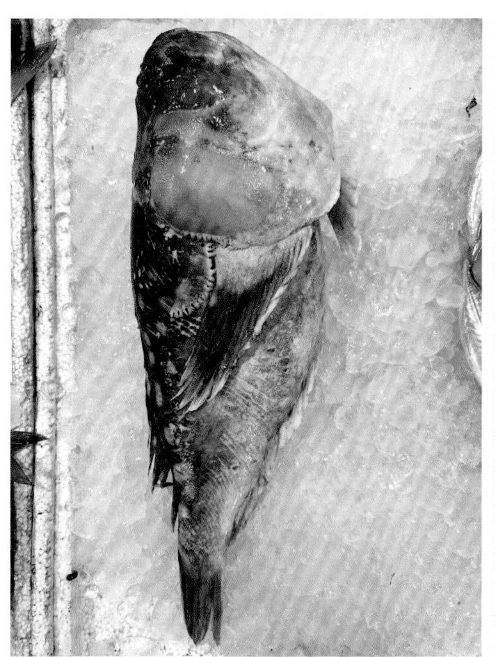
Ichthyscopus pollicaris 东方披肩䲢

Uranoscopus oligolepis 少鳞䲢

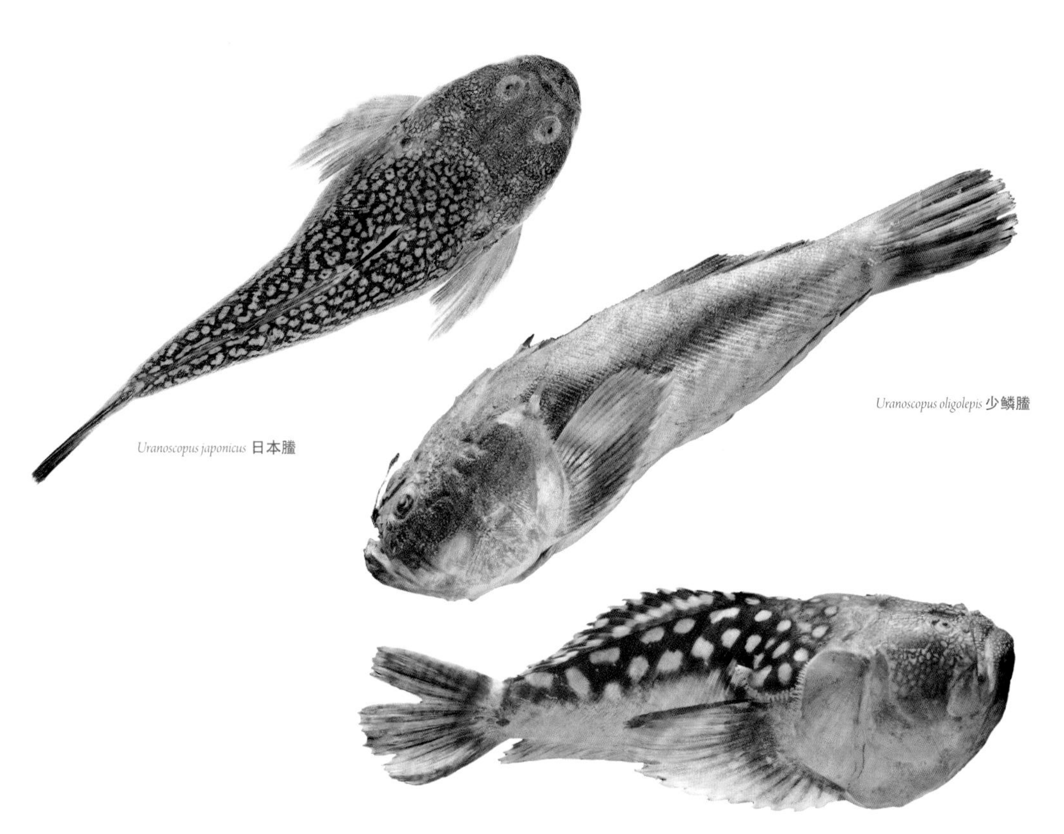
Uranoscopus japonicus 日本䲢

Uranoscopus oligolepis 少鳞䲢

Ichthyscopus pollicaris 东方披肩䲢

鲨

条纹斑竹鲨（狗鲨）

是最常能看到活体的软骨鱼类，也是市售最多的鲨鱼，俗称狗鲨。南海近岸广布且种群量依然不小，价格小贵但颇受沿海吃货喜爱。最推荐的吃法是酸梅蒸。

推荐指数：★★★★☆

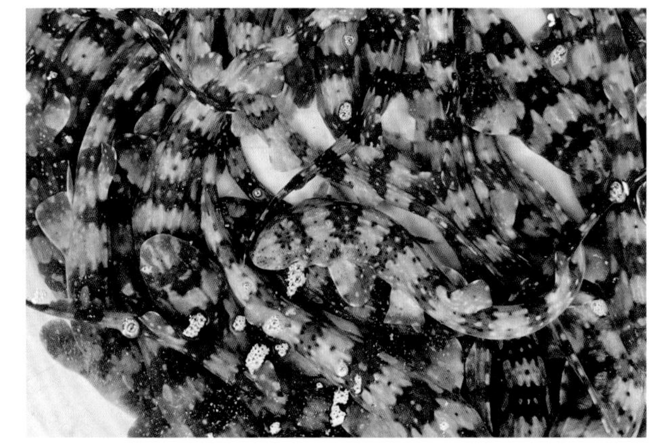

Chiloscyllium plagiosum 条纹斑竹鲨

大吻斜齿鲨

中国数量最多的鲨鱼，体型不大且群居，拖网捕捞跟延绳钓的常见渔获。新鲜个体的鱼肉分切腌制去骚味后可焖可炒，肉质细嫩且价格实惠。

推荐指数：★★★★☆

Scoliodon macrorhynchos 大吻斜齿鲨

日本须鲨（猫鲨）

是少有的不带尿臊味的软骨鱼，且在相对深水处生长使得肉质更为细嫩。一般是延绳钓的渔获，在厦门比较容易遇到。推荐鱼肉做煲、肝脏酱油水。

推荐指数：★★★★★

Orectolobus japonicus 日本须鲨

鲇

本土的中大型鲇形目种类，主要生活在江河深水区，有一定的腐食习性，钓鱼爱好者喜欢用丝袜套腐肉内脏作为诱饵吸引鲇鱼。长江及北方的大口鲇可以达到几十千克的大规格，土鲇则个体稍小，可以通过体侧的云纹作简单分辨。

Silurus asotus 土鲇

Silurus meridionalis 大口鲇

长吻鮠（江团）

原产长江中下游水域，俗称江团、鱼钩，野生个体色粉红肉色，价格昂贵但一直为食客所追捧。长江十年禁捕之后，市售的主要为人工养殖个体，二十元左右的价格已相当亲民，体色为灰黑色。肉质鲜嫩且个大肉多，推荐各种烹饪方式。

推荐指数: ★★★★★（养殖）

Leiocassis longirostris 长吻鮠

斑点叉尾鮰（清江鱼）

养殖量最大的鲶形目引进种，原产美国，由于国内分布的同类型食用种长吻鮠的野生资源衰退价格高昂而人工养殖生长偏慢，已逐渐取代其成为了餐饮界的宠儿，中部地区已视同土著种类进入到寻常菜单中。肉质细嫩鲜美但偶尔会腥味偏重。

推荐指数：★★★★☆

Ictalurus punctatus 斑点叉尾鮰

云斑鮰

原产美国的引进种类，生长迅速价格便宜，川渝地区用于下火锅。

推荐指数：★★★☆☆

Ameiurus nebulosus 云斑鮰

低眼无齿巨鲇（巴沙鱼）

巴沙鱼其实是东南亚的淡水鲶形目种类，最常见的是低眼鲶，华南也有引进养殖，由于其刺少价格便宜逐渐成为廉价餐饮店跟单位食堂的常客。网传巴沙鱼生活在污水中，其实是误传，作为迅游的鲶形目种类需要水质较好且氧气充足才能存活。进口的巴沙鱼片往往会添加保水剂，适量添加对人体无害。

推荐指数：★★★★☆

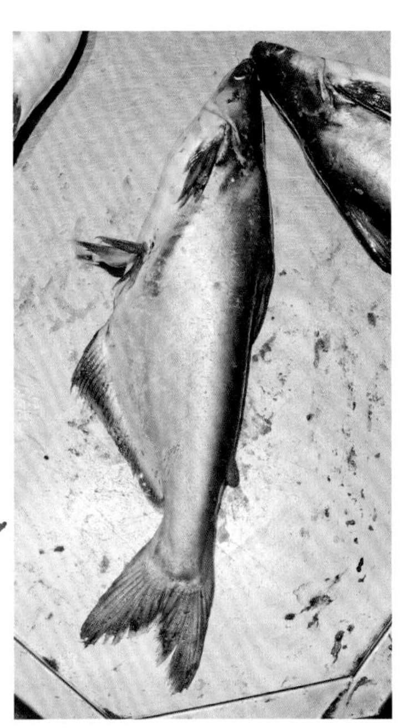

Pangasianodon hypophthalmus 低眼无齿巨鲇

Cranoglanis bouderius 长臀鮠

长臀鮠

原产珠江水系，野生长臀鮠其实是天蓝色的，非常漂亮，具有观赏鱼的潜质。但人工养殖个体体色偏黑，肉质比黄颡鱼稍粗，一般清蒸、做汤为主。

推荐指数：★★★☆☆

革胡子鲇（埃及塘鲺）

原产非洲的热带种类，一度作为重要的蛋白来源引进中国，产量惊人，什么都吃，也因此被谣传是最脏的鱼，实则由于生长迅速且身体强壮，也不需要随意下药，食用安全，南方各水系都有入侵的种群。本种肉质稍粗，腥味略重，但胜在刺少、价格便宜。

推荐指数：★★★★★

Clarias lazera 革胡子鲇

棕胡子鲇

南方分布的中小型种类，一般生活在溪流清水中。肉质细嫩且有弹性，偶尔会遇到腥味重的，可通过洗净内脏来去味，首推做汤。

推荐指数：★★★★★

Clarias fuscus 棕胡子鲇

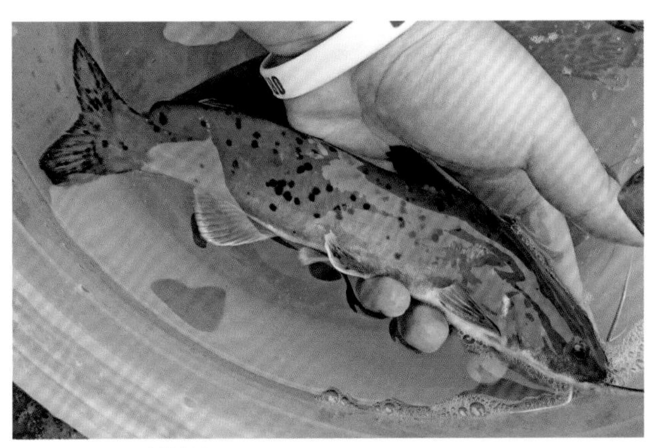

Hemibagrus macropterus 大鳍半鲿

大鳍半鲿

主产于长江中游的中大型鲶形目经济种，野生的体色偏黄褐色。是性格凶残的食肉性种类，当前没有大规模养殖，肉质脆爽鲜美但价格昂贵，市售大规格价格已过百，可选择其他养殖鲶形目种类平替。

推荐指数：★★★★★

斑半鲿（芝麻剑）

华南的常见大型经济种鲶形目。野外种群已被提升为二级国家重点保护野生动物。现在有大量人工养殖的大规格个体供应市场，价格实惠。适合各种烹饪方式。

推荐指数：★★★★★（养殖）

Hemibagrus guttatus 斑半鲿

黄颡鱼

Tachysurus sinensis 黄颡鱼

黄颡鱼可能是中国名字最多的鱼类，几乎各地都有不同的俗称，能统计的有近百个，一方面是因为分布广泛，另一方面则是因为好吃不贵广受喜爱。收拾时需要留意别被硬鳍刺伤。餐馆里偶尔会吃到肚子里带有一团白色丝状物的，不必担心，那并非寄生虫，而是鲶形目雄性个体的精巢，肥美好吃。适合各种烹饪方式。

推荐指数：

盎堂拟鲿

拟鲿大类的很多种鱼在长江有个统一的俗称叫作黄辣丁，其中最主要的是盎堂拟鲿。个体不大，生活在清水，肉质细嫩，连爱吃辣的川渝民众也喜欢用它们来做浓汤。

推荐指数：★★★★★

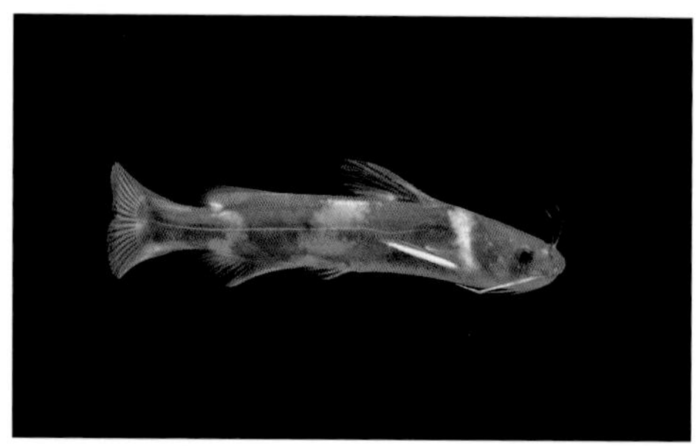

Tachysurus ondon 盎堂拟鲿

Tachysurus ussuriensis 乌苏拟鲿

乌苏拟鲿

原产北方的乌苏里拟鲿在产地被称为牛尾巴。由于生长快且体型较大，近年来在长江中上游也有大量养殖。相比之下肉质略微粗糙，但依然鲜美。

推荐指数：★★★★☆

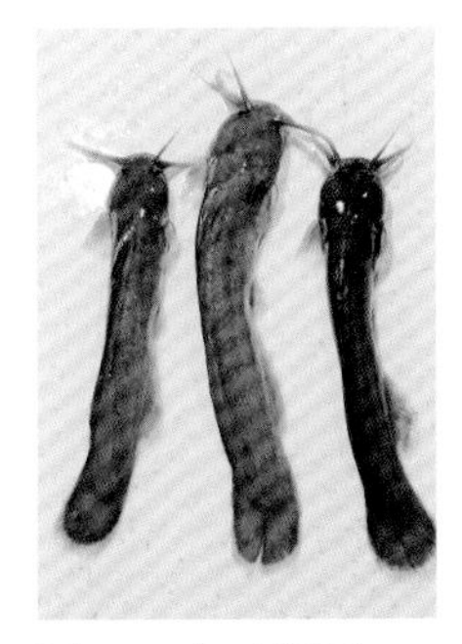

Liobagrus anguillicauda 鳗尾鉠

鉠（水蜂子）

淡水底栖小型鲶形目种类，由于喜欢在石缝中乱串寻找食物，能蜇人，得到了一个“水蜂子”的俗名。肉质细嫩但规格小，吃起来颇为麻烦，近年来价格已经破百，一般煮汤打火锅吃。

推荐指数：★★★★★

线纹鳗鲶

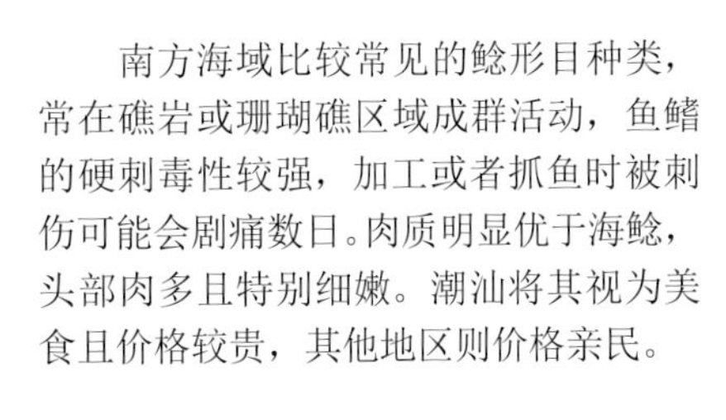

南方海域比较常见的鲶形目种类，常在礁岩或珊瑚礁区域成群活动，鱼鳍的硬刺毒性较强，加工或者抓鱼时被刺伤可能会剧痛数日。肉质明显优于海鲶，头部肉多且特别细嫩。潮汕将其视为美食且价格较贵，其他地区则价格亲民。

推荐指数：★★★★☆

Plotosus lineatus 线纹鳗鲶

Arius maculatus 斑海鲶

海鲶

鲶形目中最难吃的种类，肉硬且柴，体表常能看到寄生的鱼虱。

推荐指数：★☆☆☆☆

鲫

鲫鱼是中国最常见的淡水鱼之一，价格实惠，且肉质细嫩、味道鲜美，即便考虑小刺多，依然是相当推荐的优质廉价水产品。

推荐指数：★★★★★

Carassius auratus 鲫

Cyprinus rubrofuscus 红褐鲤

鲤鱼

欧亚大陆最广布的鲤形目种类，被选育出来的锦鲤作为重要的庭院观赏鱼走向了世界。由于喜欢在水底淤泥里翻找食物的习性，因此池塘跟江河中的鲤鱼普遍腥味偏重，肉质也不及鲫鱼细嫩。黄河大鲤鱼是特殊区域的优质种类，因而受到追捧。水库网箱养殖以及溪流清水野生的鲤鱼肉质则更接近鲫鱼且没有明显腥味。东北有鲤鱼刺身的吃法，考虑淡水鱼寄生虫的问题，请勿轻易尝试。

推荐指数：★★★★★

鳙鱼（花鲢）

千岛湖鱼头、天目湖鱼头、查干湖大鱼，各地都有一款能叫得出名头的响当当的鱼头，其实主要都来自于花鲢，即鳙鱼。花鲢的鱼身肉质一般且刺多，喜欢的并不多，但是头大鲜嫩且富含胶质，成为了各款鱼头菜的首选。最推荐的其实是鱼头豆腐汤这样的本味做法。购买首选就近菜市场活杀，谨慎考虑网捕整条冰冻运输的产品，会非常腥。活杀分切急冻是一种新的加工方式，解决了淡水鱼冻过后腥味重的问题，品质不错，可以一试。

推荐指数：★★★★★

Hypophthalmichthys nobilis 鳙鱼

鲢鱼

鲢鱼俗称白鲢，水库养殖最常见的种类，滤食浮游藻类，不用投喂饵料也可迅速生长。价格相当便宜，但刺多腥味重，近年来逐渐淡出主流食用鱼市场，转为水生态修复、肉食性鱼类饲料等用途。传统做法最佳的是浙北用白鲢刮肉做鱼丸，加以姜末去腥，无小刺肉质滑嫩，颇受杭州人民喜爱。

推荐指数：★★★★★

Hypophthalmichthys molitrix 鲢鱼

Megalobrama amblycephala 团头鲂

团头鲂（武昌鱼）

鼎鼎大名的武昌鱼，植食性种类，但肉厚腩大且肥美，即便刺多依然广受喜爱。清蒸、红烧都是人们最习惯的烹饪方式。

推荐指数：★★★★★

Megalobrama terminalis 三角鲂

三角鲂

生活在江河下游的中型鲤形目种类，虽然小刺多，但其肉厚鱼腩多，广受内陆居民喜爱，清蒸是最常见的吃法。

推荐指数：★★★★☆

胭脂鱼

长江特有的鲤形目种类，野生的为二级国家重点保护野生动物，有大量人工养殖的供应市场，幼体背鳍高，体色黑黄相间，是知名观赏鱼，俗称一帆风顺。成体发情后有艳红色横纹，是大型海洋馆常见的展示种类。肉质类似团头鲂，细嫩且腩多，只是小刺不少，一般清蒸。

推荐指数：★★★★☆（养殖）

Myxocyprinus asiaticus 胭脂鱼

丁鱥

欧亚大陆北部种类，北疆有分布，变异个体是欧洲传统观赏鱼，广泛养殖价格便宜，肉质一般。

推荐指数：☆☆☆☆☆

Tinca tinca 丁鱥

中华倒刺鲃（清波）

Spinibarbus sinensis 中华倒刺鲃

长江中上游特有种，四川常见垂钓种，有规模化养殖。

推荐指数：☆☆☆☆☆

锯齿倒刺鲃

琼桂常见种，红河也有分布，观赏市场俗称凤仙子，成鱼体色光彩艳红，肉质细腻适合清蒸。

推荐指数：☆☆☆☆☆

Spinibarbichthys denticulatus 锯齿倒刺鲃

岩原鲤

Procypris rabaudi 岩原鲤

长江中上游清水支流种类，野外种群为保护动物，市售养殖种类，比鲤鱼须长体型棱角分明，肉质细嫩。

推荐指数：☆☆☆☆☆（养殖）

虫纹麦鳕鲈（墨瑞鳕）

大洋洲游钓种类，引进养殖后因刺少肉嫩颇受食客喜爱。

推荐指数：☆☆☆☆☆

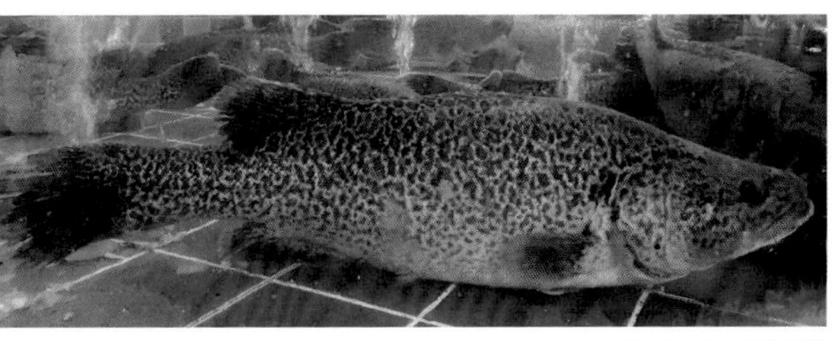

Maccullochella peelii 虫纹麦鳕鲈

Acheilognathus chankaensis 兴凯鱊

鱊、鳑鲏

鱊、鳑鲏是常见的小型鱼类，在产地常作为小杂鱼油炸，其中较多出现在餐桌上的是大鳍鱊。由于其内脏处理时胆囊易破损，时常使得肉质带有苦味。

推荐指数：☆☆☆☆☆

瓦氏雅罗鱼（华子鱼）

俗称华子鱼，洄游季节在溪流大量集群出现，是黑龙江与内蒙古常见的野生经济种，肉质细嫩但小刺多。

推荐指数：☆☆☆☆☆

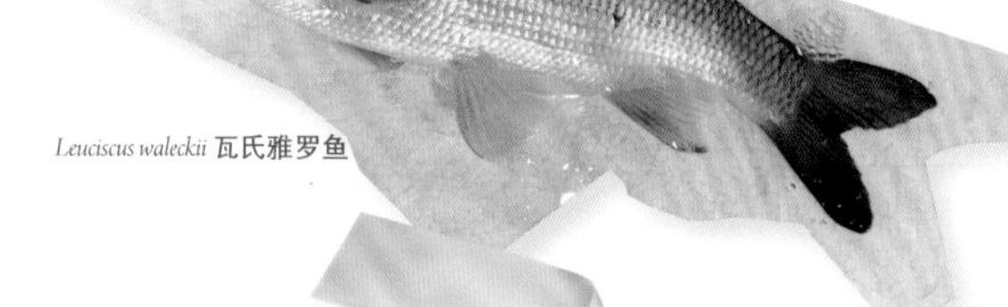
Leuciscus waleckii 瓦氏雅罗鱼

短盖肥脂鲤（淡水白鲳）

俗称淡水白鲳，脂鲤科种类，原产南美洲热带河流，引入中国南方养殖，生长迅速出肉率高，为市场常见水产。跟传说中的食人鱼外形很像，但只有坚硬的磨牙，以植食为主。是网络流传的“切蛋神鱼”的主角，但事实上并未发现具体案例。海南、云南有少量入侵种群。肉质略柴。

推荐指数：☆☆☆☆☆

Piaractus brachypomus 短盖肥脂鲤

非鲫（罗非鱼）

罗非鱼最初是因联合国为解决全球人类蛋白质摄入而推广的，结果成为了世界性的淡水入侵物种，长江以南的所有省份都有不同种类的罗非鱼入侵，其中山区溪流相对冷水分布的主要是小型的齐氏切非鲫，而更普遍的则是体型更大的尼罗口孵非鲫。罗非鱼因为其口孵孵幼的特点使得成活率远远高于国内常规的鲤形目，进而大量捕食其他幼鱼并占据生态位。但同时罗非鱼也是非常细嫩鲜美的，入侵种群的肉质更嫩，在两广、云南、海南都是当地人的美味，云南的包烧罗非鱼、烤罗非鱼相当好吃。养殖罗非鱼在一定情况下可能带有土腥味，而清水养殖可以解决这个问题。

推荐指数：★★★★★

Coptodon zillii 齐氏切非鲫

Sarotherodon galilaeus 伽利略罗非鱼

Oreochromis niloticus 尼罗口孵非鲫

彩虹鲷

养殖的彩虹鲷，河口海水养殖的好吃。红罗非其实是体色变异的莫桑比克口孵非鲫，本属河口广盐性种类，海水养殖的肉质细腻且蒜瓣肉明显，还不具淡水鱼的腥味，适合各种烹饪方式。

推荐指数：★★★★★

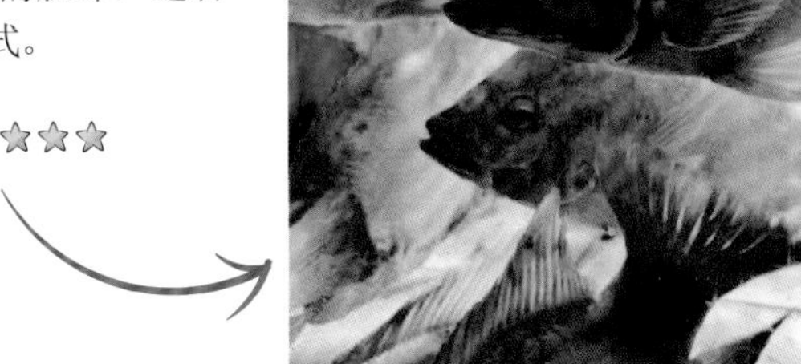

Oreochromis mossambicus ♂ × *Oreochromis niloticus* ♀ 彩虹鲷

花身副丽鱼（花老虎）

原产中美洲的养殖引入种，在华南已经有入侵种群，尤其海南。肉质细嫩鲜美，在海南人心目中是比本土淡水鱼以及罗非鱼更好吃的存在，算好火候清蒸即可。

推荐指数：★★★★★

Parachromis managuensis 花身副丽鱼

布氏罗非鱼（十间）

原产非洲的淡水慈鲷类，最初作为观赏鱼引入，繁殖容易生长迅速，现在偶见于食用市场，黑白斑马纹非常显眼。肉质稍硬。

推荐指数：★★★★★

Heterotilapia buttikoferi 布氏罗非鱼

鳜

鳜鱼是中国传统的名贵淡水鱼，从古至今都价格不菲。近年来广东的大规模人工繁殖训饵饲养翘嘴鳜，使价格变得亲民。一斤半以内的规格适合清蒸，火候得当肉质细嫩。而大规格的肉质偏硬偏柴，更适合批鱼片生炒或者大锅炖，主要销往北方。其他各种鳜鱼肉质不及翘嘴鳜细嫩而偏弹性。

推荐指数：★★★★★（翘嘴鳜）　推荐指数：★★★★★（其他鳜）

Siniperca chuatsi 翘嘴鳜

Coreoperca whiteheadi 中国少鳞鳜

Siniperca scherzeri 斑鳜

大口黑鲈

Micropterus salmoides 大口黑鲈

市面上最常见的淡水鲈鱼，其实原产北美洲，是重要的垂钓渔获。身体强壮，生长迅速，没有细刺，逐渐成为了国内常见的养殖食用鱼类。火候不易把握，过头后偏硬，胜在价格实惠刺少。

推荐指数：☆☆☆☆☆

Micropterus salmoides 大口黑鲈

太阳鱼

原产于美国的淡水鱼，引进养殖后在各地都有养殖逃逸并野外繁殖。火候相对不易掌握，胜在鲈形目没有细刺。

推荐指数：☆☆☆☆☆

Lepomis macrochirus 蓝鳃太阳鱼

花鲈

为近海的广盐性种类，幼鱼可能进入河口甚至淡水生活觅食。海产的花鲈体色暗黑，身体偏瘦且肉质偏硬。而进入河口淡水的个体银白色，身体肥壮肉质鲜嫩，是各地广受欢迎的鱼类，尤其长江口、钱塘江所产的淡水花鲈，清蒸、家烧甚至烧烤都是极佳的。

推荐指数：★★★★☆（淡水河口）　　推荐指数：★★★☆☆（海水）

Lateolabrax maculatus 中国花鲈

尖吻鲈

主要分布于南方热带海域，近年来养殖量不小且价格亲民，二十元左右的价格就可以吃到细嫩的养殖活海鱼。很多老人小朋友赞不绝口，但也有食客认为本种肉质略微发绵，无法等同于细嫩质感，综合考虑依然推荐。

推荐指数：★★★★☆

Lates calcarifer 尖吻鲈

Larimichthys crocea 大黄鱼

大黄鱼

东海四大海产之首，曾经产量巨大，二十世纪六七十年代针对其耳石对声音敏感的特性发展出了击鼓捕捞法，使得种群迅速衰退，现在大量增殖放流，但野生资源依然没有恢复，一斤以上规格可以轻松卖到上千元，五斤以上规格甚至可以卖出五千元一斤的高价。所幸在集美大学等高校专家的牵头下实现了大规模网箱养殖，绝大多数养殖场都在福建宁德。养殖大黄鱼肉质细腻肥美且价格实惠，当前在内陆地区也可以买到，价廉物美。除了传统的大汤黄鱼、清蒸、一夜埕淡腌之外，刺身也是值得推荐的吃法。

推荐指数：★★★★★（养殖）

长吻拟牙鰔（缅甸黄鱼）

东南亚分布的石首鱼，冰冻进口，一般用于冒充野生大黄鱼。

推荐指数：★★★★★

Otolithoides biauritus 长吻拟牙鰔

小黄鱼

东海四大海产之一，石首鱼科的常见种类，体型比大黄鱼小得多。新鲜的肉质细嫩，清蒸、肉片生炒都是产地喜欢的做法，内陆则常见于夜宵烧烤摊。

推荐指数：★★★★★

Larimichthys polyacti 小黄鱼

眼斑拟石首鱼（美国红鱼）

原产美国的引进种，俗称美国红鱼，养殖量很大且因为逃逸跟放生，在沿海各地都已经有了入侵种群。本种在多地被用于冒充大黄鱼忽悠游客以骗取高价，实则为塘口价不到二十元的平价种类，肉质偏硬。

推荐指数：★★★★★

Sciaenops ocellatus 眼斑拟石首鱼

梅童鱼

石首鱼科中肉质最细嫩的一类，北方南方是不同种类，但同样好吃。在浙江、闽南、潮汕是小贵的海鲜，一百克规格的可以卖到接近两百元一斤，清蒸、雪菜蒸都好吃。

推荐指数：★★★★★

Collichthys niveatus 黑鳃梅童鱼

双棘毛鲿

大型的石首鱼科种类，肉质偏硬偏柴。

推荐指数：★★☆☆☆

Megalonibea diacantha 双棘毛鲿

Nibea albiflora 黄姑鱼

黄姑鱼

石首鱼科的中型种类，养殖量不小，但肉质不及大黄鱼。

推荐指数：★★★☆☆

Nibea albiflora 黄姑鱼

叫姑鱼

是市场常见的中小型石首鱼科种类，肉质普通，一般作为杂鱼上桌。

推荐指数：★★★☆☆

Johnius distinctus 丁氏叫姑鱼

尖头黄鳍牙鰔

南方海域出产的中大型石首鱼科种类，有人工养殖，市售鲜鱼多为去鱼鳔之后销售，肉质一般。石首鱼科的鱼鳔干制品被称为花胶，是传统的滋补品，大规格的备受推崇，也因此导致了黄唇鱼及加州湾石首鱼数量的衰退，其实中小规格养殖产品的营养无差别，选便宜的即可。

推荐指数：☆☆☆☆☆

Chrysochir aureus 尖头黄鳍牙鰔

鮸

东南地区常见的石首鱼科种类，温州敲鱼丸的主要原料。新鲜的肉质相对细嫩，但礼包中的冻品则为偏硬的蒜瓣肉。

推荐指数：☆☆☆☆☆

Miichthys miiuy 鮸

鲳

鲳鱼是生活中最常遇到的美味海鲜。市售的鲳鱼其实并非都是鲳科种类，南方最常见的金鲳以及广布的乌鲳都属于鲹科，因此肉质细腻度有不小的差别。

Pampus argenteus 银鲳

银鲳

银鲳是东海常见海产中肉质最细嫩的，近年来人工养殖已经获得了突破，清蒸、家烧都好吃。

推荐指数：★★★★★

清蒸银鲳

Pampus argenteus 银鲳

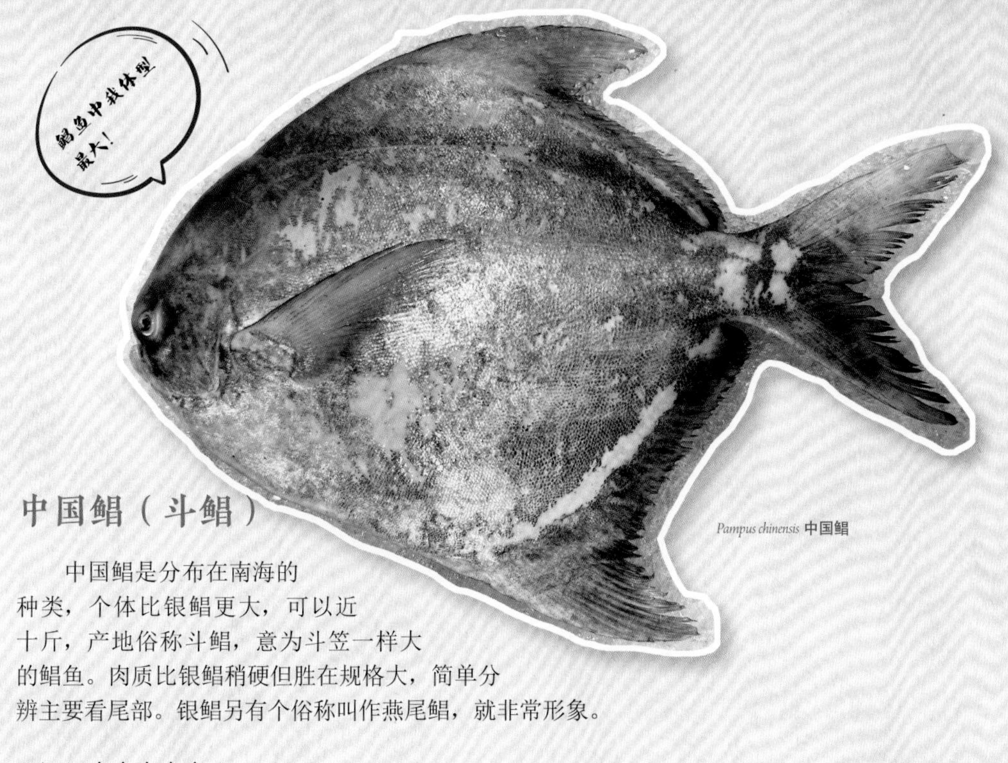

Pampus chinensis 中国鲳

中国鲳（斗鲳）

中国鲳是分布在南海的种类，个体比银鲳更大，可以近十斤，产地俗称斗鲳，意为斗笠一样大的鲳鱼。肉质比银鲳稍硬但胜在规格大，简单分辨主要看尾部。银鲳另有个俗称叫作燕尾鲳，就非常形象。

推荐指数：★★★★★

卵形鲳鲹（金鲳）

卵形鲳鲹最常用的商品名是金鲳，其实分类上属于鲹，与银鲳在分类上离得很远。是重要的素食性养殖海鱼，还兼具清洁海水网箱附着海藻的作用，饲料转化率高且生态友好。肉质相对差一些但价格实惠。

推荐指数：★★★★★

Trachinotus ovatus 卵形鲳鲹

Psenopsis anomala 刺鲳

刺鲳（肉鲳）

刺鲳又被称为肉鲳，出肉率高，价格亲民，是南方很推荐的平价海鲜，干煎、家烧都好吃。

推荐指数：★★★★★

Mene maculata 眼镜鱼

眼镜鱼

是常被用于冒充鲳鱼以坑骗游客的种类。作为产量颇丰的远洋表层种类，价格便宜且肉质偏硬。

推荐指数：★☆☆☆☆

星斑真鲳

进口货，被商家叫作阿根廷斑点鲳、雪花鲳、真鲳。

推荐指数：★★☆☆☆

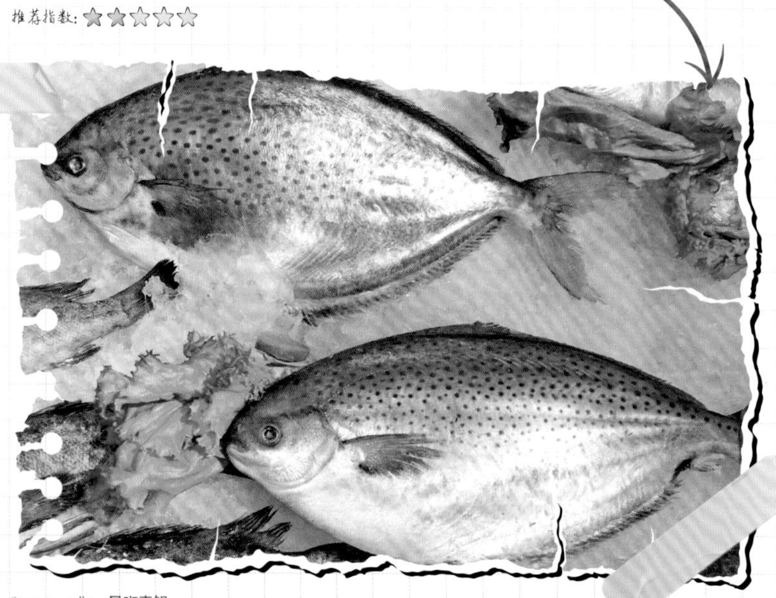

Stromateus stellatus 星斑真鲳

乌鲳

乌鲳也是鲹科的种类，相比鲳鱼肉质略硬且火候不易掌握，胜在价格亲民且肉质厚实。

推荐指数：★★★★☆

Parastromateus niger 乌鲳

镰鲳

长期以来被普通食客当作银鲳。本种肉质细腻，口感鲜甜。为了让更多朋友了解这种美味的鲳鱼，特别给它们露个脸。

推荐指数：★★★★☆

Pampus echinogaster 镰鲳

鸡笼鲳

南方河口区域的广盐性常见种类，偶尔会进入淡水，虽然长得像鲳鱼，但肉质偏硬。

推荐指数：★★★☆☆

Drepane punctata 斑点鸡笼鲳

Drepane longimana 条纹鸡笼鲳

乌鲂

外观类似肥壮的鲳鱼，鳞片亮闪闪，需要注意本种鱼鳞与鱼皮连接紧密不易去除，一般是烧熟后去皮。乌鲂的肋骨特别粗壮，与多数鱼类完全不同。肉质偏柴但价格实惠。

推荐指数：★★★★☆

Taractichthys steindachneri 斯氏长鳍乌鲂

圆燕鱼

南海珊瑚礁区域的常见种，也是海洋馆常见的驯养种类。肉质偏柴。

推荐指数：★★★☆☆

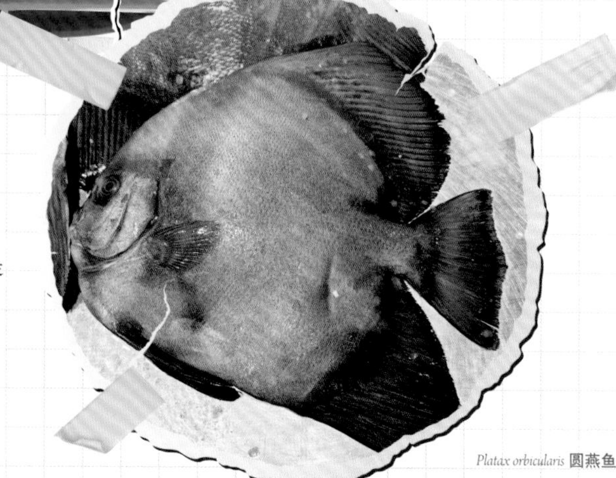

Platax orbicularis 圆燕鱼

金钱鱼（金鼓）

沿海分布的植食性常见种类，幼体颜色鲜艳且会进入淡水觅食，作为观赏鱼的商品名叫作金鼓。肉质相对偏硬且加工时胆易破导致鱼腩微苦。

推荐指数：★★★☆☆

Scatophagus argus 金钱鱼

Scatophagus argus 金钱鱼

Selenotoca multifasciata 多纹钱蝶鱼

多纹钱蝶鱼（银鼓）

为了人工养殖由非洲引入，近年来在野外有一定的逃逸种群，肉质偏硬。

推荐指数：★★★☆☆

Selenotoca multifasciata 多纹钱蝶鱼

银鲈

主要分布在近海潮间带尤其红树林区域，小规格的肉质细嫩，常在杂鱼煲中出现。

推荐指数：★★★★☆

Gerres limbatus 缘边银鲈

花身鯻

近海河口常见的小型鱼，也会随潮水进入淡水觅食，肉质偏硬有一定弹性。

推荐指数：★★★☆☆

Terapon jarbua 花身鯻

鲾

近海的小型种类，肉质细腻嫩滑，是南海不多见的好吃种类，但由于体型比较小，吃的时候需要多一些耐心。清蒸酸梅蒸都是常规的好吃做法。

推荐指数：★★★★★

Nuchequula nuchalis 项斑项鲾

Nuchequula nuchalis 项斑项鲾

Pagrus major 真鲷

鲷

真鲷

真鲷是国内广布的大型鲷鱼，传统上作为优质刺身材料，肉质属于常规爽脆质感，蒸煮后肉质偏硬。

推荐指数：★★★☆☆

Acanthopagrus schlegelii 黑棘鲷

黑棘鲷

一般被认为是沿海广布种类，其实相似外观包含多个物种，是北方及东南最主要的海钓种类之一。肉质比黄鳍棘鲷肉质稍粗糙，特定海域特定季节的也会比较肥美。黑棘鲷同时是传统日料刺身种类，肉质普通爽脆。

推荐指数：★★★☆☆

黄鳍棘鲷

黄鳍棘鲷是南海常见种里肉质特别细嫩的存在。由于个体偏小，清蒸并不常见，闽南的酱油水做法最为推荐。

推荐指数：★★★★★

Acanthopagrus latus 黄鳍棘鲷

平鲷

平鲷也是南海常见的种类，肉质相比黄鳍鲷要硬一些。

推荐指数：★★★☆☆

Rhabdosargus sarba 平鲷

二长棘犁齿鲷

南海野生产量最大的中小型鲷鱼，特征是两条延长的背鳍，口感普通但价格实惠。

推荐指数：★★★★☆

Evynnis cardinalis 二长棘犁齿鲷

金头鲷

金头鲷是由地中海引进养殖的种类，过去主要用于刺身，但属于常规的爽脆口感并不出众，清蒸也肉质偏硬。

推荐指数：★★★☆☆

Sparus aurata 金头鲷

斑鱾

钓鱼爱好者特别喜欢的种类，往往与黑棘鲷混生，但肉质肥美，是理想的刺身种类，口感软糯。

推荐指数：★★★★☆

Girella punctata 斑鱾

Oplegnathus fasciatus 条石鲷

条石鲷

传统日料中的天花板种类之一，实则刺身只是普通的爽脆，熟食也不够细嫩。相反其黑白斑马纹配色在观赏市场颇受欢迎，这可能在食用方面也为其加分不少。

推荐指数：★★★☆☆

Oplegnathus fasciatus 条石鲷

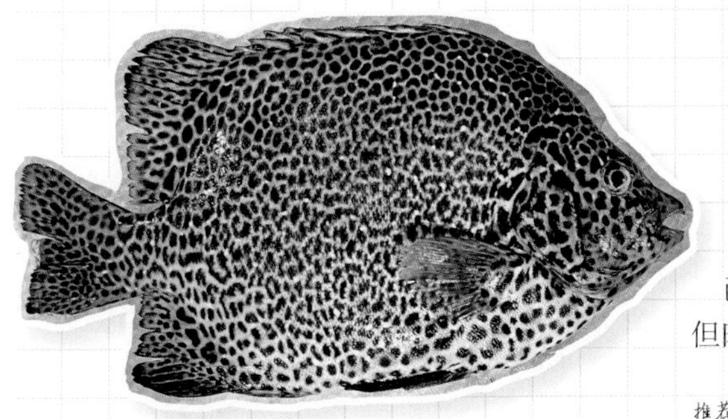

Oplegnathus punctatus 斑石鲷

斑石鲷

广东粤西三市颇为推崇且野生价格昂贵的“黑金古”，其他地区则价格不贵，近年来在山东人工养殖成功，价格已大大降低。本种是日料高端食材之一，但肉质普通爽脆，熟食则偏硬。

推荐指数：★★★☆☆

胡椒鲷

南方海钓渔获的常见种。肉质一般。

推荐指数：★★★☆☆

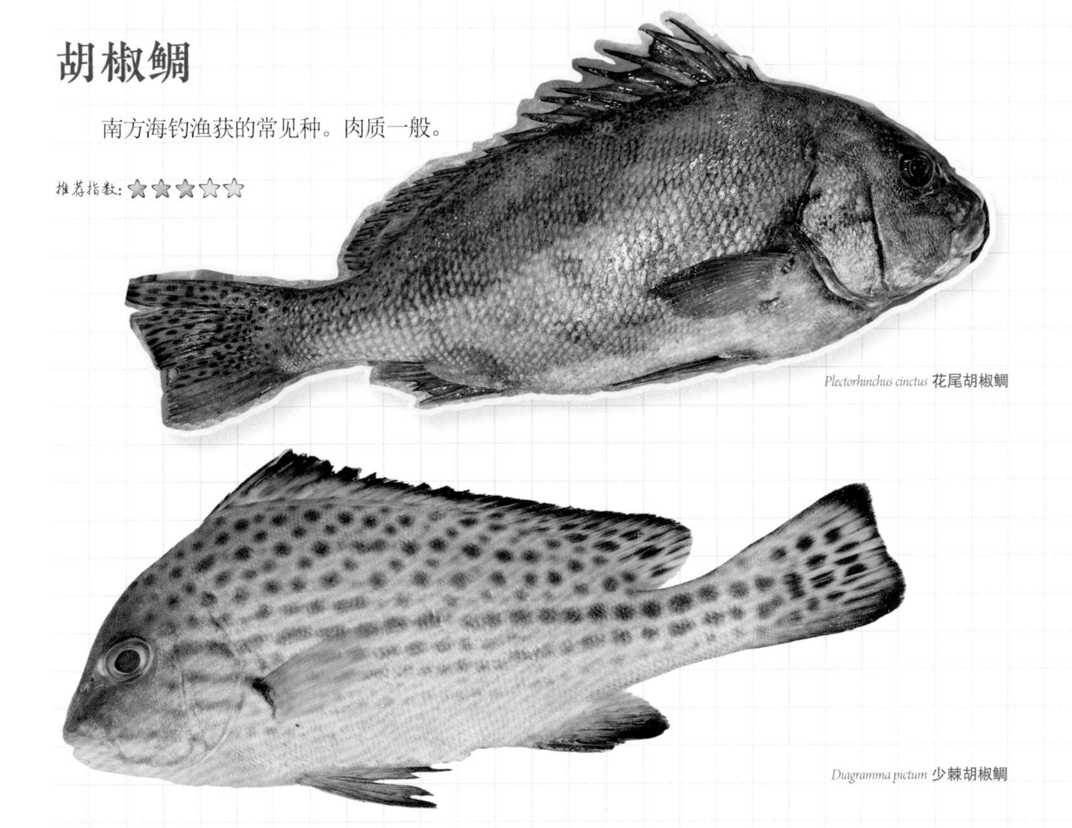

Plectorhinchus cinctus 花尾胡椒鲷

Diagramma pictum 少棘胡椒鲷

横带髭鲷

横带髭鲷是广布种类，个体不大，肉质普通，一般作为杂鱼，但其黑黄相间条纹的配色在观赏鱼领域有一定市场。

推荐指数：★★★☆☆

Hapalogenys analis 横带髭鲷

黑鳍髭鲷(包公鱼)

黑鳍髭鲷养殖量较大，商品名叫作包公鱼，价格不贵但肉质偏硬。

推荐指数：★★☆☆☆

Hapalogenys nigripinnis 黑鳍髭鲷

笛鲷

笛鲷类是海钓常见种，养殖量也不小，价格不贵但肉质偏硬。

推荐指数：☆☆☆☆☆

Lutjanus sebae 川纹笛鲷

Lutjanus vitta 纵带笛鲷

Lutjanus erythropterus 红鳍笛鲷

Lutjanus argentimaculatus 紫红笛鲷

Lutjanus kasmira 四线笛鲷

裸颊鲷

南海常见海钓渔获物，熟食肉质偏硬，刺身属于常规爽脆口感。

推荐指数：☆☆☆☆☆

Lethrinus nebulosus 星斑裸颊鲷

松鲷

礁岩区广布种，从南到北都有分布。肉质偏柴。

推荐指数：☆☆☆☆☆

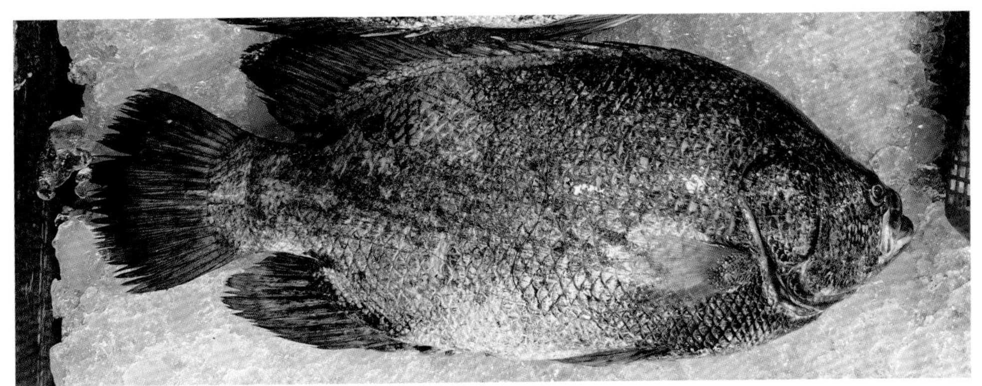

Lobotes surinamensis 松鲷

海鲂

生活在深水区域，含水量较高，市售的往往品质一般甚至有轻微变质，但保鲜较好的海鲂其实肉质细嫩味美。

推荐指数：☆☆☆☆☆

Zeus faber 海鲂

石斑鱼

珍珠龙胆石斑鱼

最常见的石斑鱼，又称龙虎斑。由褐点石斑鱼与鞍带石斑鱼杂交而来。肉质都偏硬偏柴，养殖小规格个体在严格控制火候的情况下，口感能勉强合格，虽然肉多刺少，并不是特别推荐。但大规格个体批鱼片做酸菜鱼，品质反而更佳。

推荐指数：★★★☆☆

Epinephelus fuscoguttatus ♀ × *Epinephelus lanceolatus* ♂ 珍珠龙胆石斑鱼

Epinephelus akaara 赤点石斑鱼

赤点石斑鱼

浙江、福建最常见的本土石斑种类，肉质偏硬，烹饪火候较难掌握。

推荐指数：★★★☆☆

黄鳍石斑鱼

肉质普通的石斑鱼种类，清蒸火候不易控制，胜在刺少肉多。

推荐指数：★★★☆☆

Epinephelus flavocaeruleus 黄鳍石斑鱼

蜂巢石斑鱼

南海珊瑚礁分布的中小型石斑鱼种类。肉质偏硬有弹性。

推荐指数：☆☆☆☆☆

Epinephelus merra 蜂巢石斑鱼

Plectropomus leopardus 豹纹鳃棘鲈

鳃棘鲈

俗称东星斑，是常见石斑鱼里肉质相对细嫩好吃的一种，而且红色的体色显贵气，在南方是宴席必备，因此价格小贵。当前已有一定规模的人工养殖，但更多的来自于南海的捕捞以及进口，清蒸即可。

推荐指数：☆☆☆☆☆

豉蒸豹纹鳃棘鲈

侧牙鲈

俗称燕星斑，通常身体鲜红，但相比东星斑的细嫩肉质，燕星斑则偏重脆爽，是特别适合切片打边炉的种类，口感类似脆肉鲩。

推荐指数:

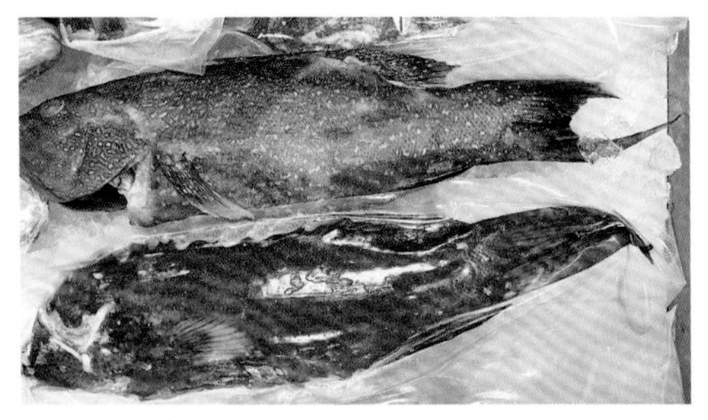

Variola louti 侧牙鲈

Variola albimarginata 白边侧牙鲈

驼背鲈（老鼠斑）

俗称老鼠斑，是南海石斑鱼中肉质相对鲜嫩的种类，价格也相对更高，普遍采用清蒸的方式烹饪。

推荐指数:

Cromileptes altivelis 驼背鲈

条纹锯鮨

引进种，熟食肉质偏硬，但刺身品质不俗。虽然是常规爽脆口感，但没有筋膜且相对肥美。

推荐指数：☆☆☆☆☆（刺身）

Centropristis striata 条纹锯鮨

大西洋胸棘鲷（长寿鱼）

进口的大西洋胸棘鲷商品名叫作长寿鱼，确实是一种寿命很长的深水种类。因为橙红色的喜庆颜色跟亲民的价格，这几年成为了常见的春节年货。蒜瓣肉偏硬且富含油脂，吃多了容易拉肚子，需要引起注意。

推荐指数：☆☆☆☆☆

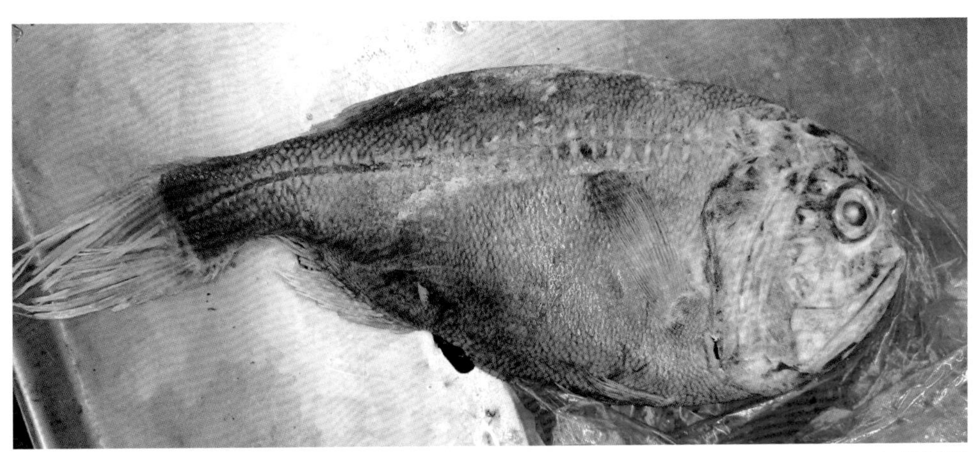

Hoplostethus atlanticus 大西洋胸棘鲷

Scarus ghobban 青点鹦嘴鱼

鹦嘴鱼、猪齿鱼

舒氏猪齿鱼、鹦嘴鱼、锦鱼、黑鳍厚唇鱼、三叶唇鱼等各种隆头鱼科的种类主要生活于热带珊瑚礁区域，通过啃食珊瑚排出沙粒的方式成为实际上的白色沙滩的制造者。火候不易掌握，稍过就会变得偏硬偏柴，一般清蒸。

推荐指数：★★☆☆☆

Chlorurus microrhinos 小鼻绿鹦嘴鱼

Choerodon schoenleinii 舒氏猪齿鱼

波纹唇鱼（苏眉）

大型珊瑚礁鱼类，也是潜水员的最爱，好奇友善。在东南亚被视为名贵海鲜，肉质优于其他隆头鱼科的种类，野外种群国内属于二级国家重点保护野生动物且没有开放合法进口，故市售产品或为鹦嘴鱼冒充或为走私，不推荐食用。

推荐指数：☆☆☆☆☆

Cheilinus undulatus 波纹唇鱼

金黄突额隆头鱼

分布于北方冷水区域的大型隆头鱼，肉质较南方珊瑚礁区域的细嫩。

推荐指数：☆☆☆☆☆

Semicossyphus reticulatus 金黄突额隆头鱼

蓝猪齿鱼

火候不易掌握，稍过就会变得偏硬偏柴，一般清蒸。

推荐指数：☆☆☆☆☆

Choerodon azurio 蓝猪齿鱼

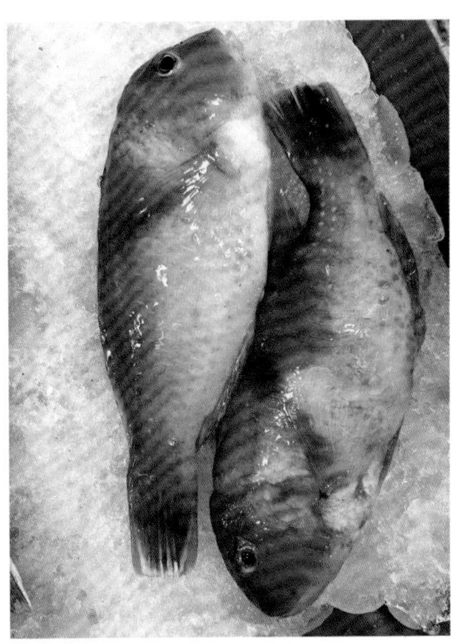

Choerodon azurio 蓝猪齿鱼

洛神颈鳍鱼

隆头鱼科中少有的肉质细嫩美味的种类，最适合干煎食用，在闽南、潮汕颇受喜爱。

推荐指数：☆☆☆☆☆

Iniistius dea 洛神颈鳍鱼

Nemipterus virgatus 六齿金线鱼

Nemipterus japonicus 日本金线鱼

金线鱼

俗称红衫，广布性种类，海钓的常见渔获物，还是人造蟹棒的主要原料。肉质鲜嫩，常规香煎的做法比较受食客喜爱。

推荐指数：★★★★★

方头鱼（马头鱼）

鳞片不易去除，一般是煮熟后去皮或者香煎椒盐连皮带鳞炸透，肉质细嫩好吃。

推荐指数：★★★★★

Branchiostegus albus 白方头鱼

Branchiostegus auratus 斑鳍方头鱼

Branchiostegus albus 白方头鱼

Branchiostegus auratus 斑鳍方头鱼

Priacanthus tayenus 长尾大眼鲷

Priacanthus macracanthus 短尾大眼鲷

大眼鲷

鳞片不易去除，一般是煮熟后连皮去掉，肉质偏硬。

推荐指数：★★☆☆☆

Doederleinia berycoides 赤鯥

赤鯥（喉黑）

近海深水常见种类，由于富含优质蛋白，很容易腐败，不新鲜的常作为杂鱼贱卖，实则是高档食材。在日本被称为喉黑，韩国叫红果鲤，刺身软嫩入口即化，熟食细嫩味美，强推一波。当前国内也有高品质的冰鲜或超低温急冻赤鯥销售。

推荐指数：★★★★★

褐蓝子鱼（臭肚）

蓝子鱼俗称泥猛、臭肚，是南方常见的小型鱼类，由于植食性的特点，出水易腐败，故而得名，抓鱼时需要注意鳍条上的小刺。做汤、家烧、酱油水跟干煎都是常规吃法，肉质富有弹性。

推荐指数：★★★★★

Siganus fuscescens 褐蓝子鱼

点斑蓝子鱼

蓝子鱼中体型较大的种类，市售大规格的多为人工养殖，肉质较褐蓝子鱼差。

推荐指数：☆☆☆☆☆

Siganus guttatus 点斑蓝子鱼

鹰鲻（三刀鱼）

香港人特别推荐的种类。肉质在南海鱼类中相对细嫩肥美，但鲜活大规格的价格小贵。

推荐指数：☆☆☆☆☆

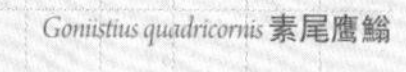

Goniistius quadricornis 素尾鹰鲻

Goniistius zonatus 花尾鹰鲻

清蒸花尾鹰鲻

Goniistius zonatus 花尾鹰鲻

Hexagrammos otakii 大泷六线鱼

大泷六线鱼（黄鱼）

北方的“黄鱼”，主要产于黄海、渤海，钓鱼爱好者的日常渔获，现在养殖量也不小，虽然名气很大实则肉质偏硬，一般用于红烧。

推荐指数：☆☆☆☆☆

Sebastes schlegelii 许氏平鲉

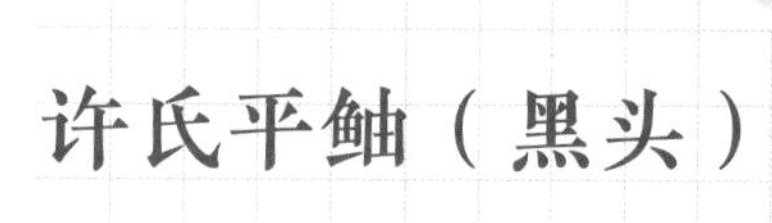

许氏平鲉（黑头）

北方沿海地区常见的海钓渔获，俗称黑头。肉质偏硬，大规格的用作刺身具爽脆口感。

推荐指数：☆☆☆☆☆

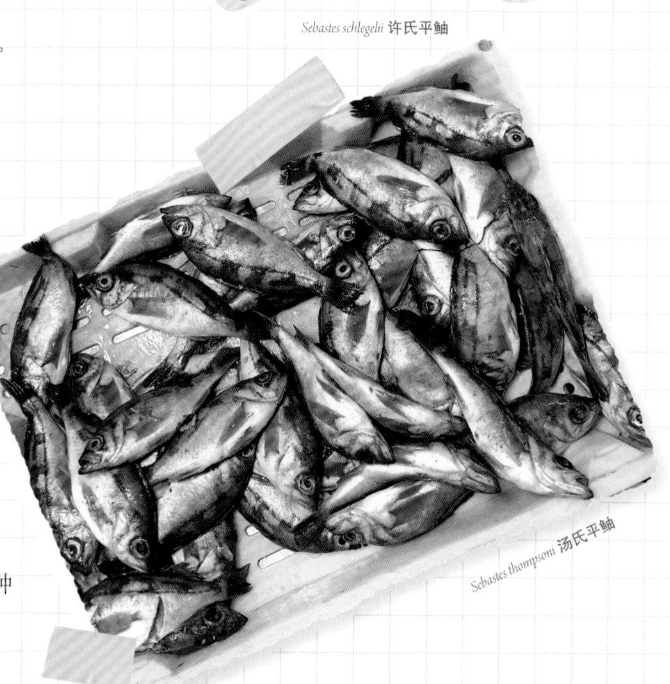

Sebastes thompsoni 汤氏平鲉

汤氏平鲉

北方近海分布的小型鲉形目种类。一般作杂鱼烧，肉质稍硬。

推荐指数：☆☆☆☆☆

Parapristipoma trilineatum 三线矶鲈

三线矶鲈

南方海域海钓的常见渔获，也是肉质相对细嫩适合作为刺身的热带种类，亦可酱油水。

推荐指数：★★★★☆

Parapristipoma trilineatum 三线矶鲈

伏氏眶棘鲈

热带海域常见的小型鱼类。肉质稍硬有一定弹性，常见于杂鱼煲。

推荐指数：★★★☆☆

Scolopsis vosmeri 伏氏眶棘鲈

棘鳞鱼

珊瑚礁常见的夜行性种类，眼睛很大，身披坚硬的鳞甲。日料中称之为将军甲。肉质尚可，熟食偏硬。

推荐指数：★★★★★

Sargocentron rubrum 黑带棘鳞鱼

豆娘鱼

南海珊瑚礁区域最常见的雀鲷种类，其黑白配色易于辨认，市场上往往作为小杂鱼销售。

推荐指数：★★★★★

Abudefduf bengalensis 孟加拉豆娘鱼

细刺鱼

近岸广盐性小型鱼类，会进入淡水。黑黄斜纹的搭配使得它们在观赏市场热度很高。本种肉质普通，一般仅作为杂鱼上桌。

推荐指数：★★★★★

Microcanthus strigatus 细刺鱼

鲥

长江四鲜之一的鲥鱼由于筑坝影响洄游繁殖已经灭绝。当前市售的既有来自南方以及东南亚的云鲥，也有引种自北美的美洲鲥。鲱形目种类是海水鱼中的异端，密布细刺，但肉质细嫩鱼汤鲜美，因此仍被广为喜爱。旧时，由于动物脂肪摄入不足，人们会食用鳞片跟鳞下脂肪，现在大家营养充足，带鳞烹饪待脂肪深入鱼肉后掀掉鱼鳞食用才是正解。清蒸、酒酿蒸都不错。人工养殖的美洲鲥如果采用海水养殖、上市前注入淡水的方式，可以很好地模拟生殖洄游的过程，故而肉质更加细嫩好吃。

推荐指数：★★★★★

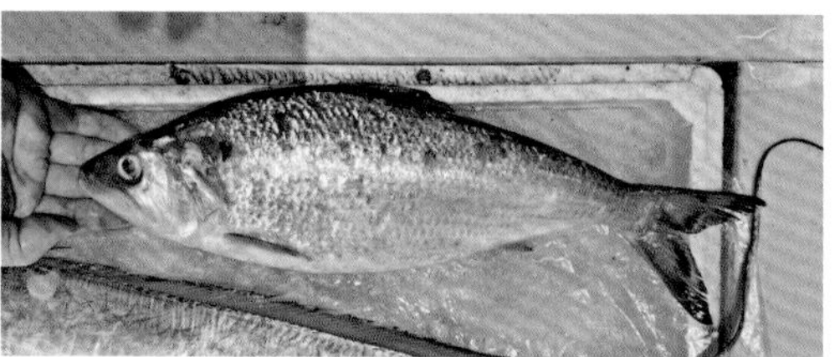

Tenualosa ilisha 云鲥

Alosa sapidissima 美洲鲥

鳓

鲱形目常见种类，过去由于保存不易常制成鱼鲞，然后蒸肉，让其脂肪流出渗入肉中增加鲜美度。虽然刺多，但新鲜鳓鱼肉质细嫩，鱼汤鲜美。

推荐指数：★★★★☆

Ilisha elongata 鳓

斑鰶、花鰶

近海的中型鲱形目种类，会随着潮水进入内河，但不耐淡水环境，遭遇气候变化或者闸门关闭经常大量死亡因而上新闻，也是当年天津港大爆炸河道死鱼的主角。对于不怕细刺的吃货，其肉质细嫩，鱼汤鲜美。

推荐指数：★★★★☆

Clupanodon thrissa 花鰶

Konosirus punctatus 斑鰶

大海鲢

重要的海钓种类，但肉质偏柴。

推荐指数：★★☆☆☆

Megalops cyprinoides 大海鲢

黄鲫

鲱形目小型鱼类，肉质鲜美但刺多，胶东地区喜食，一般干煎后裹煎饼吃。

推荐指数：☆☆☆☆☆

Setipinna tenuifilis 黄鲫

胡瓜鱼（多春鱼）

是日料店与烧烤摊的常客。远洋捕捞，雌性怀卵的胡瓜鱼用于餐饮，而雄性一般用作鱼饲料。烹饪适当时，肉嫩籽多口感好。

推荐指数：☆☆☆☆☆

Osmerus mordax 胡瓜鱼

沙丁鱼

鲱形目小型鱼类，肉质细嫩，但刺实在太多，往往以鱼干或者干炸的方式出现在大众的餐桌上。

推荐指数：☆☆☆☆☆

Sardinella aurita 金色小沙丁鱼

鳀

往往晒成鱼干作为凉菜或者早餐零食。

推荐指数：☆☆☆☆☆

Engraulis japonicus 日本鳀

香鱼

广盐性洄游性种类，多数在河口区域生活，产卵繁殖时进入淡水，也有终生留在淡水中的陆封种群。国内原产的香鱼目前仅在浙江、福建、广西有少量分布，市售的主要是引种的日本香鱼。香鱼具有一种特殊的黄瓜香味，且肉质细嫩，干煎、烧烤是极好的做法。

推荐指数:

Plecoglossus altivelis 香鱼

黄带拟鲹（池鱼王）

俗称池鱼王，是传统的刺身材料，养殖的更加肥美、肉质细腻。

推荐指数:

Pseudocaranx dentex 黄带拟鲹

蓝圆鲹（巴浪鱼）

野生的蓝圆鲹肥度不稳定且不易保存，是菜场码头常见的低值海水鱼，还常卖做鱼饲料。但新鲜的其实肉质细腻，东山岛纳苗饲养的巴浪鱼名声在外，肥美细嫩品质出众，只是价格小贵。

推荐指数:

Decapterus maruadsi 蓝圆鲹

鲑

大西洋鲑（三文鱼）

三文鱼来自“salmon”的粤语音译，最初泛指鲑鱼，但在美食领域逐渐成为了海产养殖大西洋鲑的特有名词。通过工业化大型网箱养殖，保证了安全，提高了品质，也使得养殖大西洋鲑成为了第一款被欧洲食安局认证的符合生食标准的刺身海鱼。是当前全球养殖量最大的海水鱼，每年产量达到几百万吨，北欧、加拿大、南美都有高品质三文鱼出产。只要确保来源可靠，无二次污染，新鲜三文鱼可安全生吃，品质远优于熟食（因为鲑鱼煮熟后脂肪会流失）。

推荐指数：★★★★★

Salmo salar 大西洋鲑

白鲑

白鲑自然分布于东北及新疆，国内养殖销售的主要是引种自俄罗斯的高白鲑。海水饲养的刺身质感不错，但不推荐淡水饲养的直接刺身。

推荐指数：★★★★☆

Coregonus ussuriensis 乌苏里白鲑

Oncorhynchus mykiss 虹鳟

虹鳟

虹鳟原产北美，20 世纪逐渐引入全球冷水环境饲养，国内除海南外几乎各省都有养殖，高品质养殖个体尤其三倍体虹鳟作为烧烤种类味道香浓，推荐指数四星。但由于是淡水养殖，而淡水鱼的寄生虫可以感染人体并寄生繁殖，因此不推荐直接生吃。

推荐指数：★★★★☆（熟食）

红点鲑

Salvelinus malma 花糕红点鲑

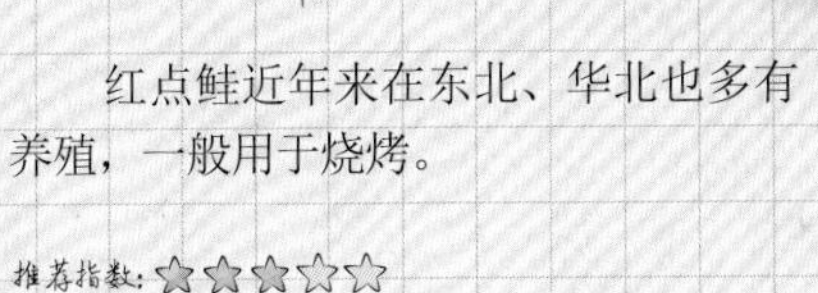

红点鲑近年来在东北、华北也多有养殖，一般用于烧烤。

推荐指数：★★★☆☆

鲹

珍鲹

又称浪人鲹、牛港、GT，热带海域大型表层掠食性种类，甚至会跳出水面捕食海鸟。在海钓领域由于其爆发力大、耐性足，也颇受钓鱼爱好者垂青。在海洋馆的大型景观池中往往与鲨鱼等混养，性格暴躁甚至会攻击潜水员。肉质硬柴。

推荐指数：☆☆☆☆☆

Caranx ignobilis 珍鲹

及达副叶鲹

南方大洋表层分布的中大型种类，常被鱼贩用以冒充马鲛鱼向游客兜售，实则价格便宜。肉质偏硬偏柴。

推荐指数：☆☆☆☆☆

Alepes djedaba 及达副叶鲹

海兰德若鲹

长得像鲳鱼，肉质不够细嫩。

推荐指数：☆☆☆☆☆

Carangoides hedlandensis 海兰德若鲹

大甲鲹

皮厚，肉质一般。

推荐指数：★★★★★

Megalaspis cordyla 大甲鲹

Megalaspis cordyla 大甲鲹

剥皮鲀（耗儿鱼）

部分无毒鲀形目鱼类的皮肤厚实无法去鳞，因此在沿海地区一般直接去皮后销售，统称剥皮鱼。这也是内陆地区除带鱼外最常见的海鲜，在川渝地区是火锅店的重要水产食材，包括但不限于绿鳍马面鲀、黄鳍马面鲀、中华单棘鲀、丝背细鳞鲀等种类。此外更大规格的单角革鲀则用于更多不同的烹饪方式。肉质比较有弹性。

Thamnaconus modestus 绿鳍马面鲀

推荐指数：★★★★★

Thamnaconus modestus 绿鳍马面鲀

Stephanolepis cirrhifer 丝背细鳞鲀

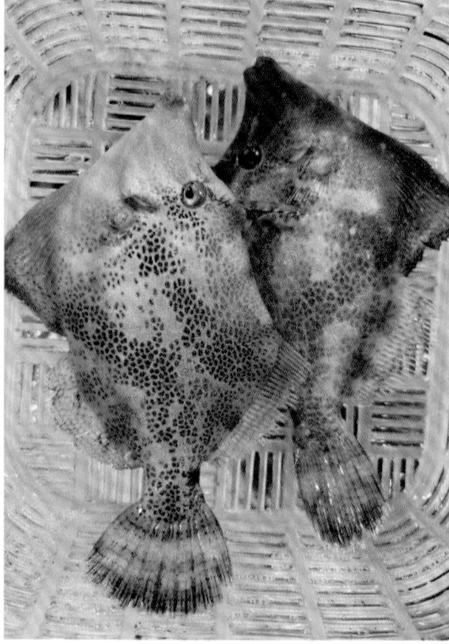
Monacanthus chinensis 中华单角鲀

Aluterus monoceros 单角革鲀

赤魟

清蒸赤魟

近海最常见的软骨鱼种类，也是笑脸鱼家族的成员之一。软骨鱼由于独特的尿酸排放方式使得鱼肉中带有轻微的尿臊味，但新鲜的赤魟味道很轻，肉质细嫩，鱼鳍的软骨可以随着肉一起嚼下去。比较推荐做煲，闽东酒糟焖的吃法相当美味，肝脏酱油水或者清蒸都是人间极品。

推荐指数：★★★★★

Dasyatis akajei 赤魟

犁头鳐（龙纹鲨）

犁头鳐，南方俗称龙纹鲨，大型软骨鱼类，近年来因为过度捕捞种群下降明显，鱼鳍也被用作鱼翅材料，鱼肉往往用作打鱼丸，本种除新鲜个体肝脏美味之外，肉质一般。

推荐指数：

Rhinobatos hynnicephalus 斑纹犁头鳐

Platyrhina sinensis 中国团扇鳐

团扇鳐

南海近海常见的小型软骨鱼，市售主要是活体，肉质鲜嫩。

推荐指数：

燕魟

南海常见的中型底栖软骨鱼类，市售活体较少，肉质细嫩，但尿臊味较重。

Gymnura japonica 日本燕魟

推荐指数：

鮟鱇

并非所有鮟鱇都是雄性附生在雌性体表，黄鮟鱇就是雌雄都正常生活的种类，国内主要分布于黄海、渤海以及东海。新鲜的由于含水量高富含胶质，肉质水嫩鲜美，肝脏更是难得的美味；冻品由于鱼肉失水，肉质大打折扣，需谨慎选择。

推荐指数：

Lophius litulon 黄鮟鱇

鲬（牛尾鱼）

俗称牛尾鱼，近海底栖型种类，肉质偏硬，沿海地区一般用于打汤或者家烧。

推荐指数：★★☆☆☆

Platycephalus indicus 印度鲬

鰤

近海底栖小型鱼，一般在杂鱼煲中出现。

推荐指数：★★☆☆☆

Callionymus curvicornis 弯角鰤

大菱鲆（多宝鱼）

原产北大西洋，是广受欢迎的海钓种类，引入中国后主要在黄海、渤海沿岸以循环水池人工饲养，是性价比很高的鲽形目鲜活水产。早年养殖行业受孔雀石绿违法添加冲击，当前通过改变饲养环境已经从困境中走出并逐渐被大众接受，还成为了颇受喜爱的儿童辅食种类。鱼鳍特别值得推荐，是鱼肉最细嫩的部位，有大米状的肉粒。

推荐指数：★★★★☆

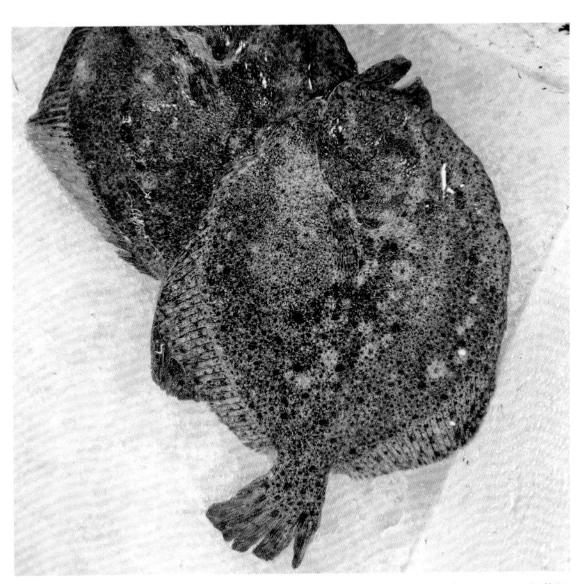

Scophthalmus maximus 大菱鲆

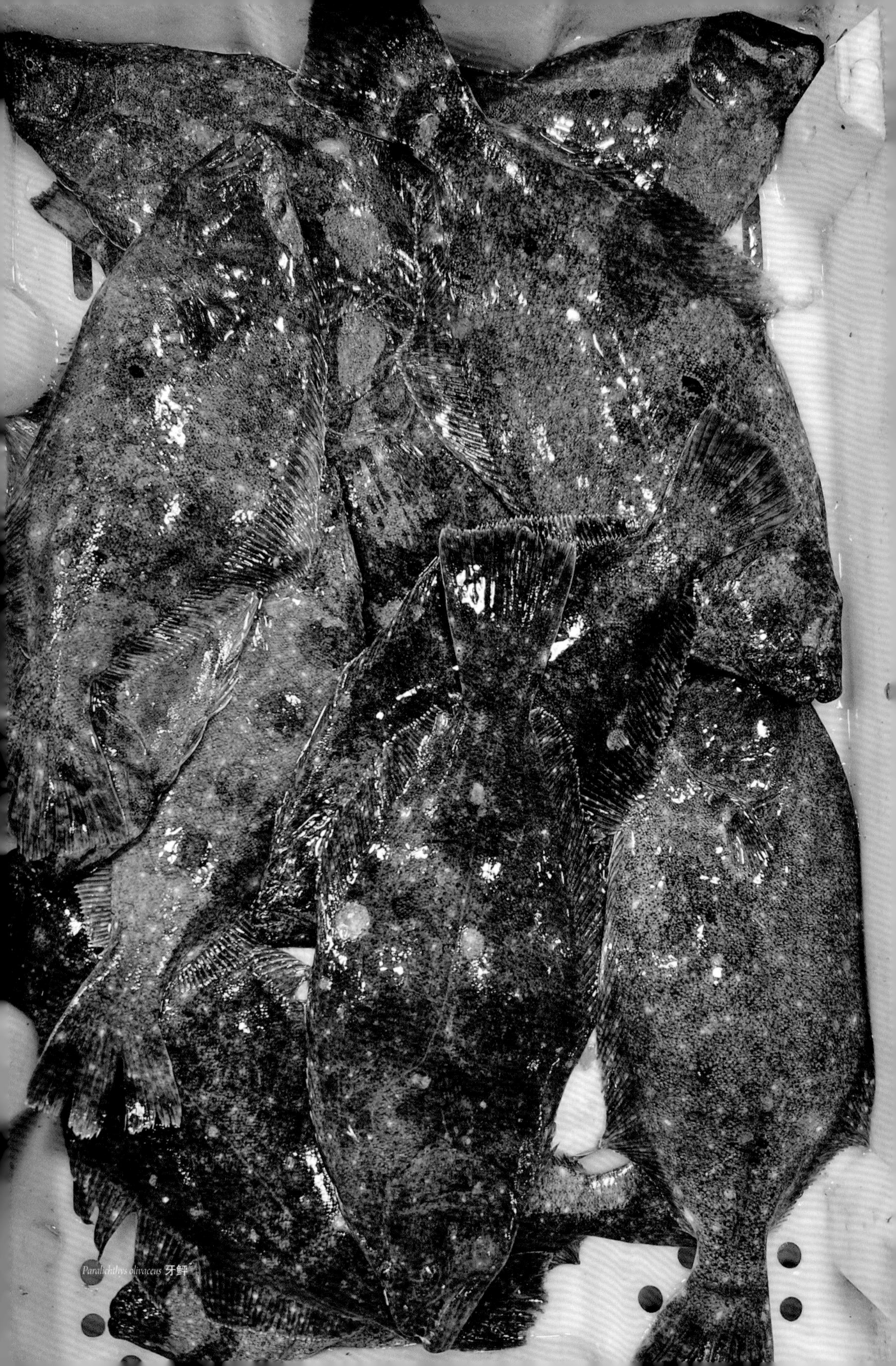

Paralichthys olivaceus 牙鲆

牙鲆（左口鱼）

俗称左口鱼，国内近年来开始养殖的鲽形目种类，肉质不及舌鳎细嫩，但肉厚有弹性，也广受欢迎。清蒸是常规食用方法。

推荐指数：★★★★☆

Paralichthys olivaceus 牙鲆

马舌鲽（鸦片鱼）

马舌鲽是最早大量进入中国的进口海鲜，鸦片鱼头就是他们的头部，富含胶质味美好吃。日料店便宜且呈长菱形的西京烧“银鳕鱼”往往是马舌鲽冒充的，但肉质同样鲜美。

推荐指数：★★★★☆

Reinhardtius hippoglossoides 马舌鲽

半滑舌鳎（龙利鱼）

本土的大型蝶形目舌鳎，北方近年来养殖量不小，价格小贵但肉质细嫩，通常清蒸。

推荐指数：★★★★★

Cynoglossus semilaevis 半滑舌鳎

大鳞舌鳎

常见的野生海捕舌鳎，价格实惠，味道鲜美。干煎是最常用的吃法，稍大规格的也适合清蒸、家烧。

推荐指数：★★★★★

Cynoglossus macrolepidotus 大鳞舌鳎

Zebrias zebrinus 斑纹条鳎

斑纹条鳎

近海靠近河口分布的具有观赏潜质的鲽形目种类，一般同舌鳎一起做椒盐。

推荐指数：★★★★★

Zebrias zebrinus 斑纹条鳎

鲀（巴鱼）

球形

即长江四鲜之一的巴鱼。野生河鲀由于食物来源导致带有河鲀毒素，误食可能致死，因此各地均禁止销售野生河鲀、东方鲀、多纪鲀。市售的巴鱼主要源于江苏的人工繁育淡水养殖，从食物源头避免摄入毒素，因此被认为是无毒个体，江苏也是国内唯一一个放开养殖暗纹东方鲀销售的省份。其他省份往往采用特许经营的方式，由专业的师傅处理内脏避免中毒，因为市售还有海水养殖的低毒河鲀（红鳍东方鲀、黄鳍东方鲀），处理不当仍有中毒风险。传统认为河鲀最佳吃法是刺身，事实上河鲀刺身只属寻常爽脆口感，并不推荐特意尝试，最优吃法是打薄片之后汆熟，在最大程度保留鲜味的同时肉质更为嫩滑可口。

推荐指数：★★★★★（养殖）

Takifugu xanthopterus 黄鳍东方鲀

Takifugu obscurus 暗纹东方鲀

Takifugu rubripes 红鳍东方鲀

兔头鲀

东南地区最常见的鲀形目种类。由于是大洋群居种类，一般被认为无毒而广泛食用，但在台湾曾出现过一例疑似中毒致死案例，故而很多城市基于安全考虑也不允许餐馆销售。不推荐。

推荐指数：☆☆☆☆☆

Lagocephalus wheeleri 淡鳍兔头鲀

圆鳍鱼

近年来大量冰冻后引进的种类，幼体几乎就是一个圆球，腹鳍还具有吸盘，萌宠视频里常能看到它们的身影。作为实惠又特别的进口海鲜经常出现在年货中，但冻品质感一般。

推荐指数：☆☆☆☆☆

Cyclopterus lumpus 圆鳍鱼

日本沼虾（河虾）

东南地区最常见的河鲜，其实是广盐性种类，能适应江河入海口的咸淡水环境。最常见吃法是盐水虾。醉虾虽然是一道名菜，但出于安全考虑并不推荐尝试。

推荐指数：☆☆☆☆☆

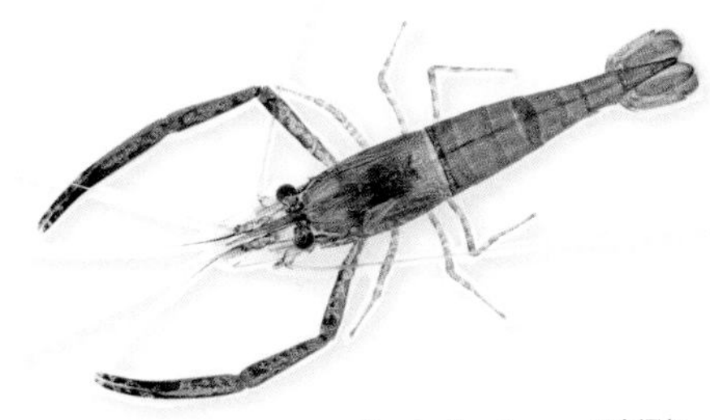

Macrobrachium nipponense 日本沼虾

Macrobrachium nipponense 日本沼虾

罗氏沼虾

原产东南亚河口的大型广盐性种类，可达五百克以上规格，是泰国、越南、马来西亚街头烧烤摊的常客。国内有专业的钓虾场供人垂钓娱乐。较常见的食用方法有油爆虾、避风塘。

推荐指数：☆☆☆☆☆

Macrobrachium rosenbergii 罗氏沼虾

Macrobrachium rosenbergii 罗氏沼虾

Exopalaemon carinicauda 脊尾白虾

红螯螯虾（澳洲淡水龙虾）

澳大利亚淡水小龙虾，作为小龙虾断季的补充而引入中国，个体更大，肉更多，但烹饪不易入味，食用方式同小龙虾。

推荐指数: ★★★★☆

Cherax quadricarinatus 红螯螯虾

克氏原螯虾（小龙虾）

克氏原螯虾，即鼎鼎大名的小龙虾。疯传小龙虾特别脏还是日本人用来破坏中国农作物的工具，其实它原产于南美洲，耐污水但更喜欢清水存活，作为入侵种一度破坏过很多地方的水田跟河堤，但现在野外并不多见，市售主要源于人工养殖。麻辣、蒜蓉、十三香小龙虾是夏季夜宵摊的头号主角，广受大众喜爱。

推荐指数：★★★★☆

Procambarus clarkii 克氏原螯虾

基围虾

基围虾其实指的是养殖方式而非种类，海边围地圈养的海虾被称为基围虾。上海及北方人所称的基围虾一般是南美白对虾，而华东其他城市及华南一般把日本对虾叫作基围虾。

南美白对虾

全球养殖量极多且性价比极高的对虾，适合各种烹饪方式，关键是价格实惠。

推荐指数：★★★★★

Penaeus vannamei 南美白对虾

日本对虾

又叫斑节虾，肉质鲜嫩。养殖的售价通常一百多元一斤，大规格野生日本对虾可以卖到两百多元一斤。除了白灼等常规烹饪方式，刺身也是极好的。

推荐指数：★★★★★

Penaeus japonicus 日本对虾

Penaeus monodon 斑节对虾

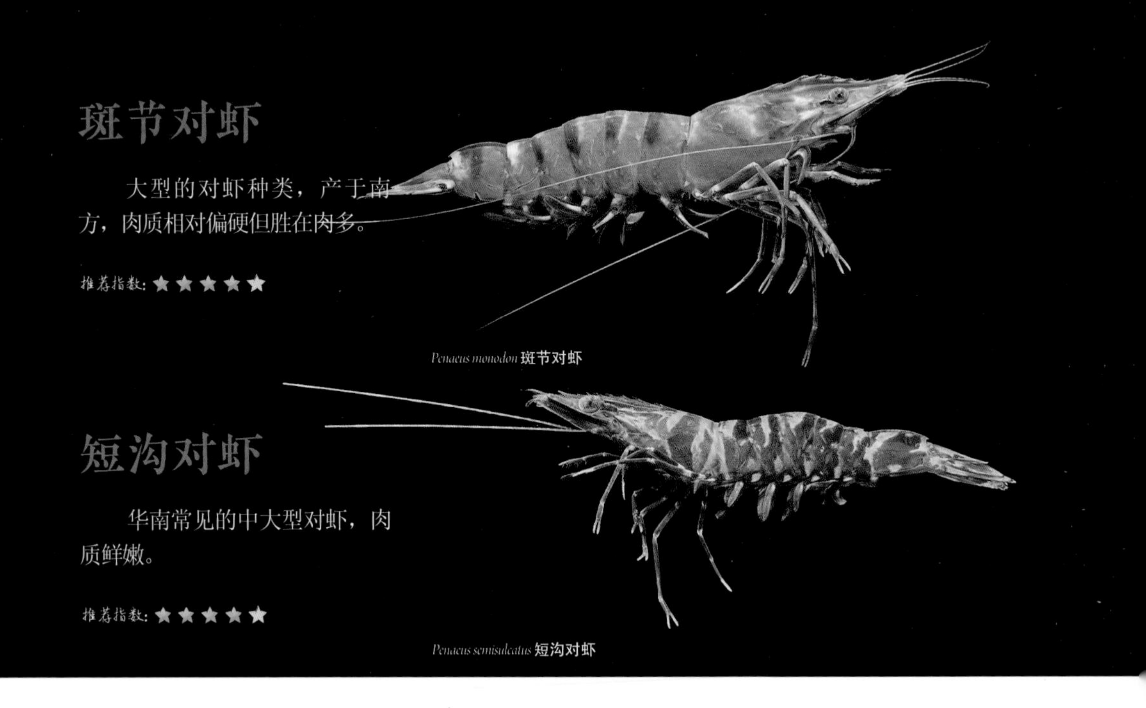

斑节对虾

大型的对虾种类，产于南方，肉质相对偏硬但胜在肉多。

推荐指数：★★★★★

Penaeus monodon 斑节对虾

短沟对虾

华南常见的中大型对虾，肉质鲜嫩。

推荐指数：★★★★★

Penaeus semisulcatus 短沟对虾

中国对虾

黄海、渤海最有名的中国大虾，但进入新世纪以来资源衰退严重且没有规模化人工养殖，故而价格较贵。

推荐指数：★★★★★

Penaeus chinensis 中国对虾

长毛对虾

南方沿海养殖的种类，虾壳较薄。

推荐指数：★★★★☆

Penaeus penicillatus 长毛对虾

刀额新对虾

刀额新对虾为南方常见的养殖种类，肉质鲜甜，价格亲民。

推荐指数：★★★★☆

Metapenaeus ensis 刀额新对虾

哈氏仿对虾

浙南地区颇为推崇的“硬壳虾”，由于出水不易存活，过去新鲜的价格一直很贵。但哈氏仿对虾在闽南是常见且实惠的种类，常用于剥虾仁。

推荐指数：★★★★★

鹰爪虾

厚壳虾，身体弯曲时形似鹰爪，故名。肉质脆嫩鲜美。

推荐指数：★★★★★

Parapenaeopsis hardwickii 哈氏仿对虾

Trachysalambria curvirostris 鹰爪虾

Metapenaeus joyneri 周氏新对虾

周氏新对虾

产量较少、体型不大的虾类，味道鲜甜。

推荐指数：★★★★☆

墨吉对虾

华南市场里肉质最鲜甜的中大对虾种类，因全身微红色也被称为红虾。白灼鲜甜，刺身一绝。

推荐指数：★★★★★

Penaeus merguiensis 墨吉对虾

须赤虾

华东、华南季节性出产的野生中小型虾类，体红色带白云纹，肉质鲜甜。

推荐指数：★★★★★

Metapenaeopsis barbata 须赤虾

高脊赤虾

虾头长得像鸡冠，所以被称为鸡冠虾，肉质鲜甜脆弹。

推荐指数：★★★★☆

Metapenaeopsis lamellata 高脊赤虾

中华管鞭虾

也被称为东海红虾，肉质鲜美，常被剥为虾仁。

推荐指数：★★★★☆

Solenocera crassicornis 中华管鞭虾

Pandalus platyceros 宽角长额虾

宽角长额虾（牡丹虾）

色泽鲜红如牡丹花，故称之为“牡丹虾”，是产于加拿大的高端海虾。虾肉弹性甘甜，是做刺身的绝佳食材。

推荐指数：★★★★★

牟氏红虾（阿根廷红虾）

即阿根廷红虾，个大、肉质鲜美。

推荐指数：★★★★☆

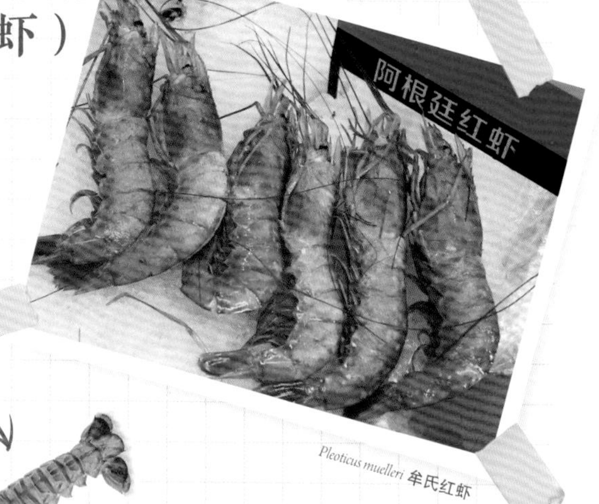

Pleoticus muelleri 牟氏红虾

红斑后海螯虾

广泛分布于黄海南部、东海和南海，产量不多。肉质稍柴。

推荐指数：★★★☆☆

Metanephrops Thomsoni 红斑后海螯虾

北方长额虾（甜虾）

俗称甜虾，是刺生的绝佳食材，主要产自北冰洋和北大西洋海域。虾肉中含丰富的甘氨酸和谷氨酸等呈味氨基酸，使其味道鲜甜。

推荐指数：★★★★☆

挪威海螯虾

进口海螯虾，肉质鲜甜。

推荐指数：★★★★☆

Nephrops norvegicus 挪威海螯虾

Pandalus borealis 北方长额虾

美洲螯龙虾（波士顿龙虾）

波士顿龙虾的正名其实是美洲螯龙虾，广泛分布于加拿大及美国西海岸，由于早年主要通过波士顿空港运往全球，故而被当作了波士顿龙虾。与常见海水龙虾不同的是它们具有一对大钳子，因而被称为螯龙虾。波龙肉相对偏少，常见吃法是芝士焗，钳子里的肉尤其鲜嫩。

推荐指数：★★★☆☆

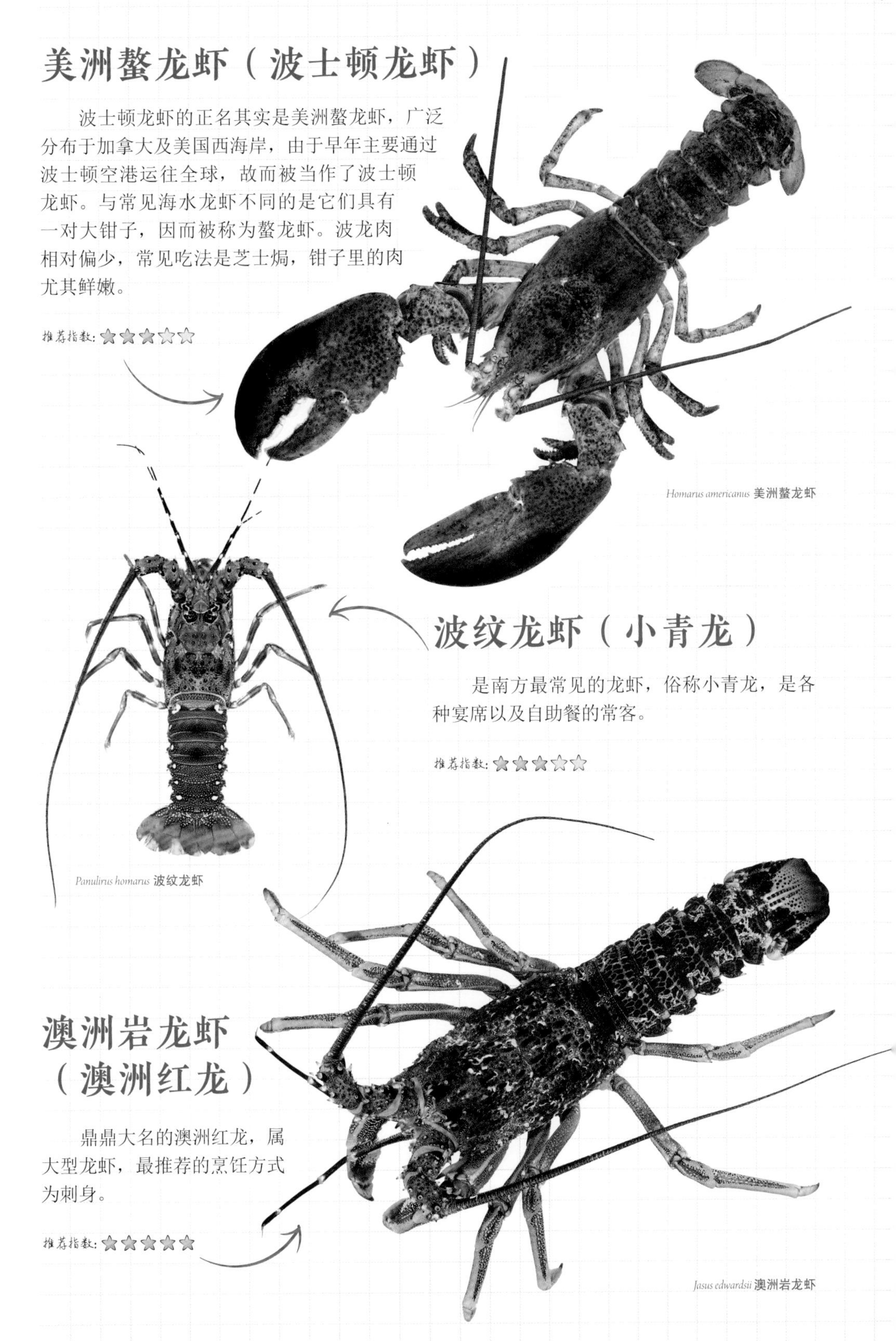

Homarus americanus 美洲螯龙虾

波纹龙虾（小青龙）

是南方最常见的龙虾，俗称小青龙，是各种宴席以及自助餐的常客。

推荐指数：★★★☆☆

Panulirus homarus 波纹龙虾

澳洲岩龙虾（澳洲红龙）

鼎鼎大名的澳洲红龙，属大型龙虾，最推荐的烹饪方式为刺身。

推荐指数：★★★★★

Jasus edwardsii 澳洲岩龙虾

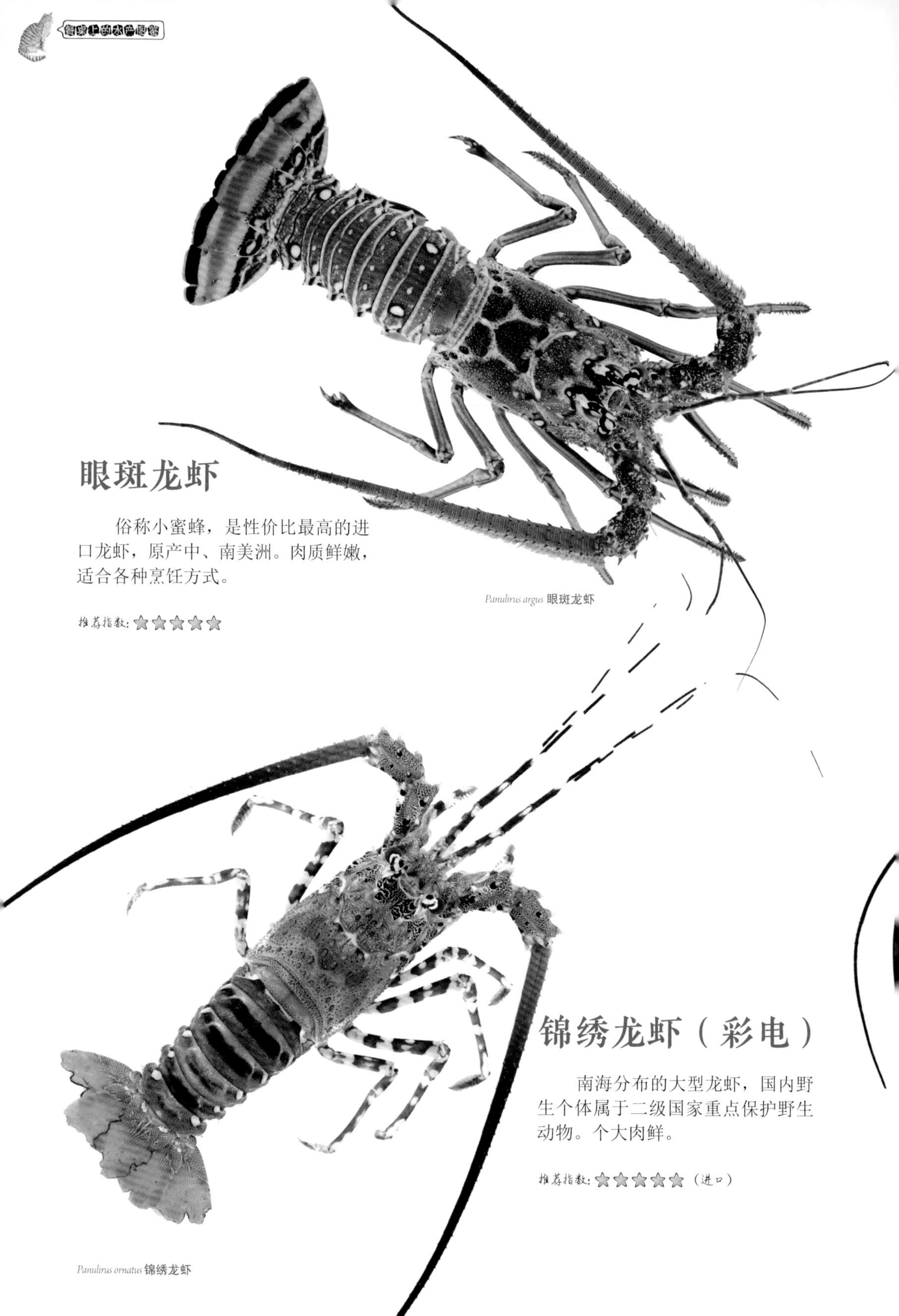

眼斑龙虾

俗称小蜜蜂，是性价比最高的进口龙虾，原产中、南美洲。肉质鲜嫩，适合各种烹饪方式。

推荐指数：★★★★★

Panulirus argus 眼斑龙虾

锦绣龙虾（彩电）

南海分布的大型龙虾，国内野生个体属于二级国家重点保护野生动物。个大肉鲜。

推荐指数：★★★★★（进口）

Panulirus ornatus 锦绣龙虾

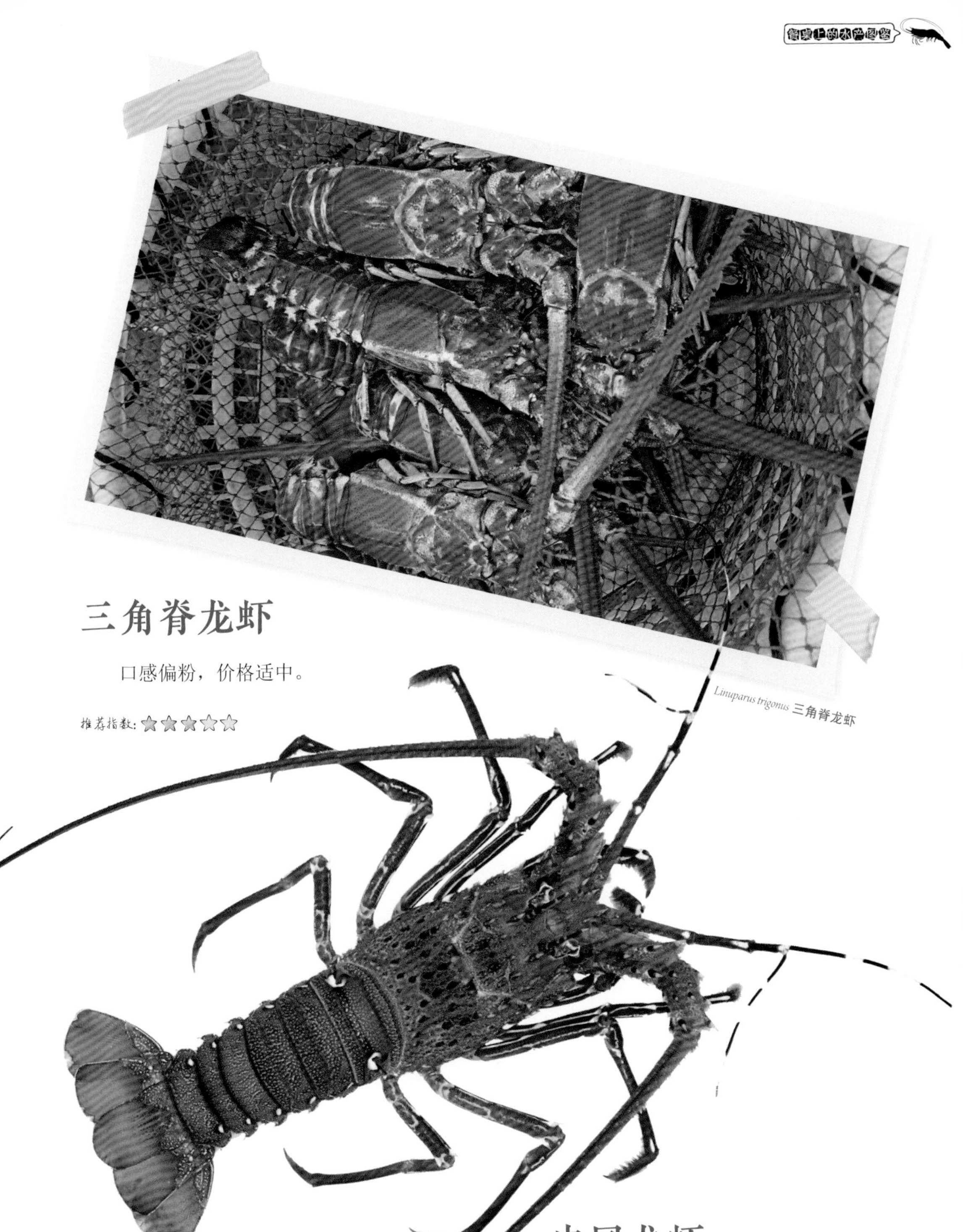

Linuparus trigonus 三角脊龙虾

三角脊龙虾

口感偏粉，价格适中。

推荐指数：☆☆☆☆☆

Panulirus stimpsoni 中国龙虾

中国龙虾

一般被称为本地青龙、本港龙虾，与波纹龙虾长得比较接近。

推荐指数：☆☆☆☆☆

蝉虾（战车）

蝉虾，俗称战车龙虾，南海广布。普遍认为肉质较龙虾更鲜嫩甜美。

推荐指数：★★★★★

Scyllarides squammosus 鳞突拟蝉虾

扇虾（虾蛄排）

体扁，东南沿海分布，名为“虾”其实不是虾。肉质细嫩但不宜保鲜。

推荐指数：★★★★☆

Ibacus ciliatus 毛缘扇虾

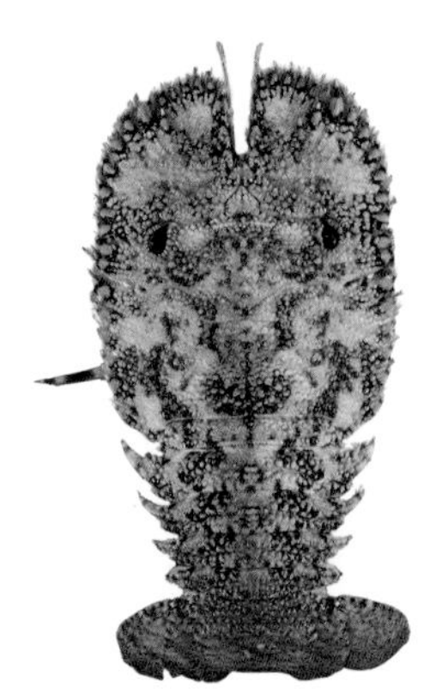

Parribacus antarcticus 南极岩礁扇虾

Ibacus novemdentatus 九齿扇虾

Ibacus novemdentatus 九齿扇虾

虾蛄

口虾蛄

口虾蛄，市场上最常见的皮皮虾种类，特别适合椒盐。剖壳有技术门槛，擅长者不但速度快还不会刺伤手，而不熟练的人吃完手跟嘴都可能被扎破。挑选肥美带膏皮皮虾的方式是把它反过来，腿根部有三条白线的即为带膏的母虾。

推荐指数：★★★★★

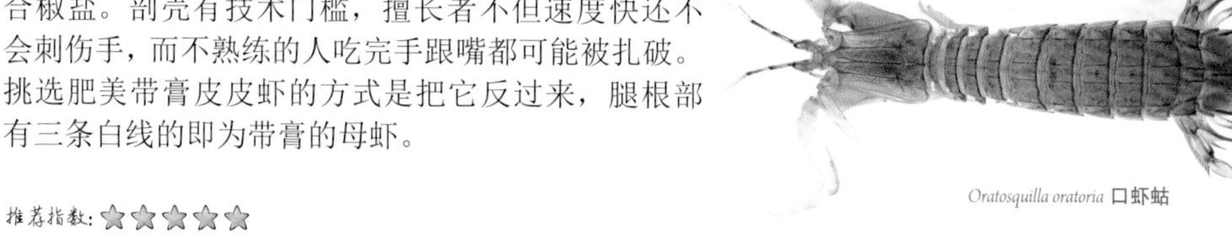

Oratosquilla oratoria 口虾蛄

Oratosquilla oratoria 口虾蛄

Odontodactylus japonicus 日本齿指虾蛄

日本齿指虾蛄

华东、华南分布，颜色特别鲜艳。

推荐指数：★★★★★

猛虾蛄

猛虾蛄是南海及东南亚常见的大型虾蛄，可以长到成年人前臂大小，一个吃到爽。挑选方式与口虾蛄一致，但大规格雌虾往往会被挑出来卖到近翻倍的价格。

推荐指数：☆☆☆☆☆

Harpiosquilla japonica 日本猛虾蛄

Harpiosquilla raphidea 棘突猛虾蛄

斑琴虾蛄

南海常见的大型虾蛄，特点是类似斑马条纹的黑白（黄）配色。

推荐指数：☆☆☆☆☆

Lysiosquillina maculata 斑琴虾蛄

Eriocheir sinensis 中华绒螯蟹

中华绒螯蟹（大闸蟹）

养殖量最大的蟹类是国人最爱吃的大闸蟹。在人工养殖没有普及前，阳澄湖由于环境适宜、食物充足，使得当地的野生大闸蟹优品率远高于其他产地（野生大闸蟹优品率不到10%），进而名声大振。随着养殖的普及与技术突破，苏南的养殖大闸蟹异军突起，成为了优质大闸蟹的代表。六月黄吃的是肥美的肝胰脏，换壳后开始吃母蟹，秋风起品公蟹香浓的白膏，入冬则大快朵颐母蟹的硬膏，还有生醉、熟醉、香辣等各种吃法适合不同的食客。产地不重要，肥美才是关键，蟹膏、蟹黄的鲜甜度是最主要的评选标准。

推荐指数：★★★★★

Eriocheir sinensis 中华绒螯蟹

束腰蟹、中印溪蟹

内陆多溪流的山区喜欢食用溪蟹、束腰蟹，还当作地方美食出现在商业街向游客兜售。其实这些种类寄生虫颇多，且一般都做不到彻底熟食，因此并不推荐食用。

推荐指数：☆☆☆☆☆

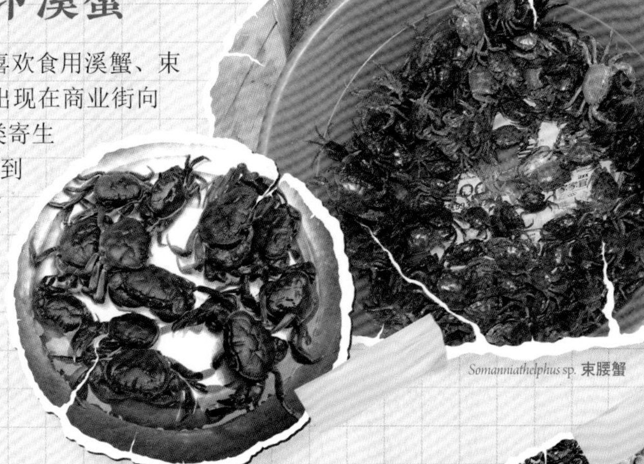

Somanniathelphus sp. 束腰蟹

Indochinamon sp. 中印溪蟹

相手蟹

沿海常见的广盐性种类，一般做成醉蟹，南方还会制作成蟛蜞酱。考虑到成体也会进入淡水生活，不推荐生腌做法。

推荐指数：★★☆☆☆

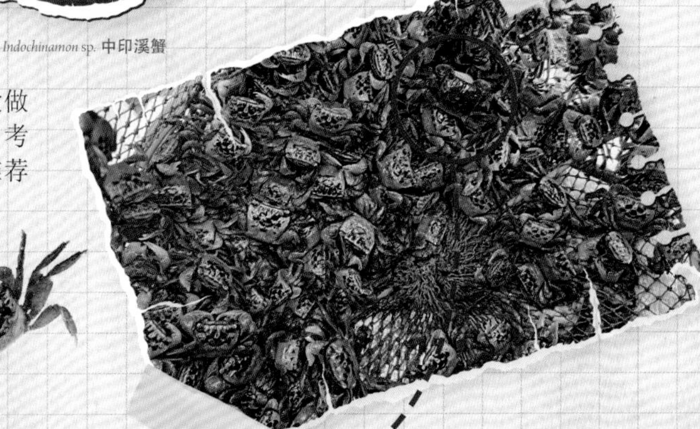

Orisarma sinense 中华东方相手蟹

Orisarma dehaani 无齿东方相手蟹

Orisarma dehaani 无齿东方相手蟹

三疣梭子蟹

北方俗称飞蟹，南方叫作冬蟹，最出名的产地在宁波舟山。带膏的梭子蟹饱满肥美颇受欢迎，用膏蟹腌制的咸呛蟹是宁波传统美食，现在淡腌的做法也越来越受到周边城市的喜爱。

推荐指数：★★★★★

Portunus trituberculatus 三疣梭子蟹

红星梭子蟹（三眼蟹）

产季肥美，但较难存活，不好挑选。

推荐指数：★★★★★

Portunus sanguinolentus 红星梭子蟹

Monomia gladiator 拥剑单梭蟹

拥剑单梭蟹

俗称扁蟹，中小型蟹类，平时不常见，在产季则是价廉物美。

推荐指数：★★★☆☆

远海梭子蟹（兰花蟹）

南海的常见种类，具有显著的雌雄差异，雄性钳子很大且身体为蓝色，雌性为褐色。

推荐指数：★★★☆☆

Portunus pelagicus 远海梭子蟹

Charybdis japonica 日本蟳

日本蟳（石蟹）

是沿海常见的梭子蟹科种类，北方称作赤甲红，东南叫石蟹，价廉物美，但肉质微柴。

推荐指数：★★★☆☆

Charybdis japonica 日本蟳

善泳蟳（黑蟹）

福建、广东有分布的种类，因其体色偏暗常被称为石头蟹。产季肥美鲜甜且价格实惠。

推荐指数：★★★☆☆

Charybdis natator 善泳蟳

晶莹蟳

是南方常见种类，口感类似日本蟳，胜在价格便宜。

推荐指数：★★★★☆

Charybdis lucifera 晶莹蟳

Charybdis feriata 锈斑蟳

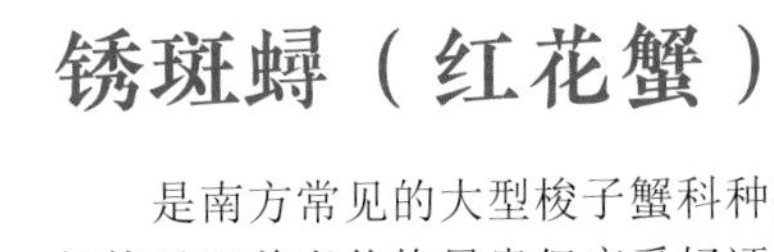

锈斑蟳（红花蟹）

是南方常见的大型梭子蟹科种类，俗称红花蟹。大规格且肥美者价格昂贵但广受好评。白灼或冻蟹都是常见吃法。

推荐指数：★★★★★

Charybdis feriata 锈斑蟳

蛙形蟹（旭蟹）

进口的冻品在自助餐常见，肉柴味咸，不值得推荐。但南海、闽南在产季的活蟹值得一试。

推荐指数：★★★★★

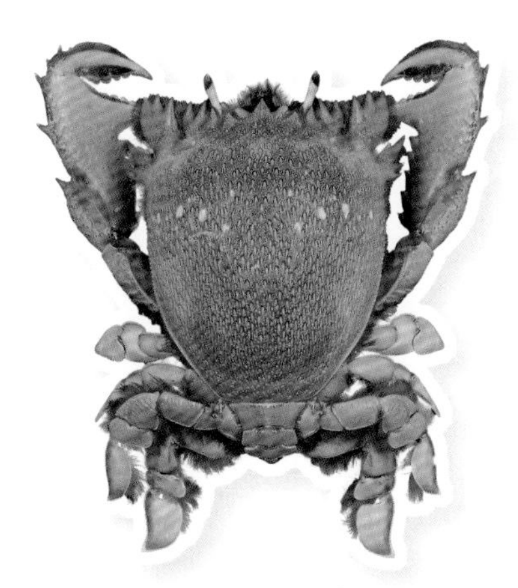

Ranina ranina 蛙形蟹

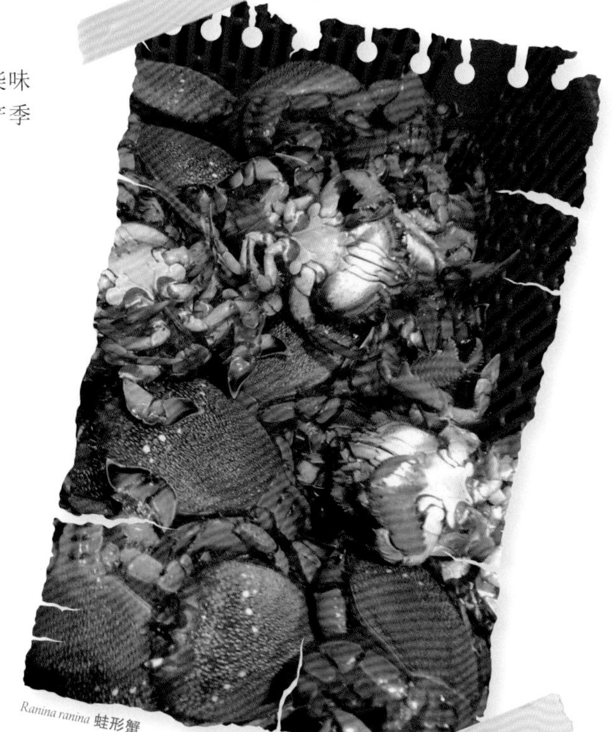

Ranina ranina 蛙形蟹

细点圆趾蟹

味美肉多但产季短不易保存的种类，遇上产季记得多吃点。

推荐指数：★★★★★

Ovalipes punctatus 细点圆趾蟹

黎明蟹

北方常见的是红线黎明蟹，南方的是胜利黎明蟹。擅长钻沙的小型蟹类。

推荐指数：☆☆☆☆☆

Matuta planipes 红线黎明蟹

Matuta victor 胜利黎明蟹

中华虎头蟹

广西沿海爱吃的中型蟹类，外壳纹路很特别，一眼就可以认出来，味道一般。

推荐指数：★★★☆☆

Orithyia sinica 中华虎头蟹

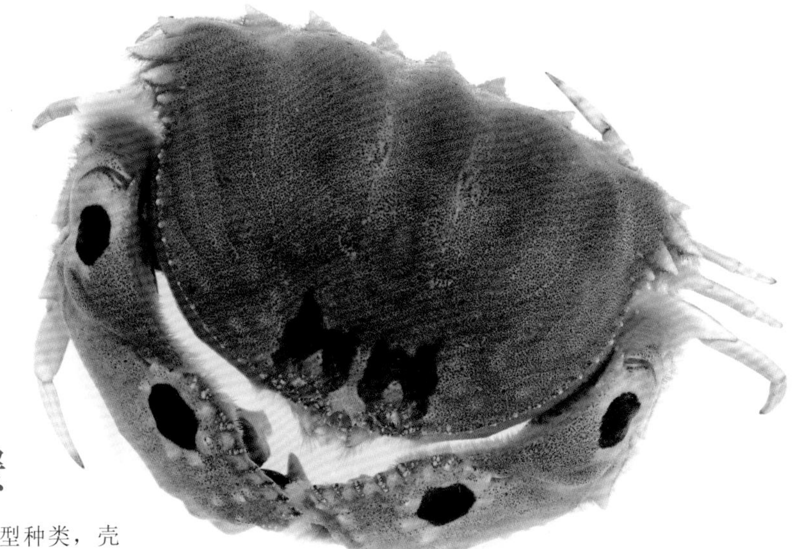

Calappa philargius 逍遥馒头蟹

逍遥馒头蟹

华南分布的底栖型种类，壳厚肉少，一般主要吃蟹钳。

推荐指数：★★☆☆☆

拟穴青蟹

东南分布的主要是拟穴青蟹。其中最有名的是产在浙江台州的三门青蟹，通过高水平人工饲养提高青蟹肉质的鲜甜程度，广受好评，但绑粗绳的销售习惯也劝退了很多食客。

推荐指数：★★★★★

Scylla paramamosain 拟穴青蟹

锯缘青蟹

南海分布的主要是锯缘青蟹。黄油蟹原本是一种特殊的病变状态，但由于其肝胰脏侵入肌肉带来了特别的鲜美味道，最后演变成专门的培育方式，价格虽贵但物有所值。

推荐指数：★★★★★

Scylla olivaces 榄绿青蟹

Scylla serrata 锯缘青蟹

榄绿青蟹

全球热带海域常见的青蟹，国内市售的中小规格产品主要由缅甸进口，知名的斯里兰卡大青蟹即是本种，在南海有少量分布。肉质一般，不如拟穴青蟹、锯缘青蟹鲜甜，但胜在肉多黄多且价格亲民。

推荐指数：★★★★★

普通黄道蟹（面包蟹）

原产北大西洋，是当地常见的食用蟹类，只有重五百克以上的雌蟹可以上市售卖，而雄蟹捕捞起来后都会抛弃入海。面包蟹虽然肉质寡淡，但胜在肉多黄多，特别适合避风塘之类的做法，是价格相对实惠的进口蟹类。市售面包蟹钳都经过了物理处理故而无法合拢夹人，如果去产地参与捕捞切不可轻易动手碰触。

Cancer pagurus 普通黄道蟹

推荐指数：★★★★☆

首长黄道蟹（珍宝蟹）

原产美国，也称珍宝蟹，曾经是市场常见的进口中大型蟹类，因为资源衰退，价格已经不那么亲民。跟面包蟹不同的是，珍宝蟹商业捕捞时是留雄蟹抛弃母蟹，因此市售的都是大规格雄蟹。

推荐指数：★★★☆☆

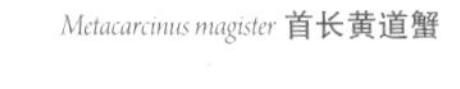

Metacarcinus magister 首长黄道蟹

Atergatis integerrimus 正直爱洁蟹

正直爱洁蟹

南方市场上有一类长相很接近面包蟹，但规格小很多的正直爱洁蟹，由于特殊的食性很容易带有可能致命的神经毒素，有致死案例，不推荐食用。

推荐指数：☆☆☆☆☆

雪蟹（松叶蟹）

俗称长脚蟹、松叶蟹。日料中常见的种类，菜市场价格相对实惠，其实没必要去日料店吃。

推荐指数：★★★★☆

伊氏毛甲蟹（毛蟹）

俗称毛蟹，是日料常见的鲜美种类。

推荐指数：★★★★★

Erimacrus isenbeckii 伊氏毛甲蟹

Chionoecetes opilio 灰眼雪蟹

拟石蟹

堪察加拟石蟹、扁足拟石蟹

即大名鼎鼎的帝王蟹，味道确实很好吃，鲜嫩微甜，完全对得起它高昂的价格。但具体加工有讲究，最推荐的吃法是整个蒸熟，之后再分拆，可以最大程度地保留肉质的鲜嫩。记得不要丢弃蟹脐，异尾下目种类的蟹脐肥美多肉还饱含蟹黄。可以用背部中间四个点还是六个点来分辨堪察加拟石蟹与扁足拟石蟹。

推荐指数：★★★★★

Paralithodes camtschaticus 堪察加拟石蟹

Paralithodes platypus 扁足拟石蟹

Paralithodes brevipes 短足拟石蟹

短足拟石蟹

俗称花椒蟹，主要分布在日本。肉质细嫩，季节性强，买到就是赚到。

推荐指数：☆☆☆☆☆

Birgus latro 椰子蟹

椰子蟹

大型陆生寄居蟹，生长缓慢，在很多海岛国家已禁止食用，只有部分岛国允许食用。肉质肥美，饱含膏黄，市售个体很多瘦弱无甜味是因为经过了长时间海运。不推荐主动寻找食用。

推荐指数：☆☆☆☆☆

大寄居蟹（海怪）

北方俗称海怪。身上肉不多，但肚子部分摘掉肠道后都是肉和肥美的肝胰脏，适合吮吸吃肉，有一定概率带有苦味。

推荐指数：★★★☆☆

Pagurus ochotensis 大寄居蟹

巨大拟滨蟹（皇帝蟹）

世界上最重的螃蟹，膏多黄多，味道鲜美，市价五百元左右一斤。

推荐指数：☆☆☆☆☆

Pseudocarcinus gigas 巨大拟滨蟹

石鳖

石鳖是生活于潮间带的小型多板纲物种，通常烫熟去壳后用作食材。

推荐指数：★★★★☆

Acanthopleura loochooana 琉球花棘石鳖

附生甲壳类

附生甲壳类的外形长得像螺贝类，却是虾蟹的亲戚。幼体跟虾蟹幼体近似，但成体附着在坚硬物体表面生活，海边礁石表面，螃蟹、海龟、鲸鱼等的体表，甚至海上漂浮的垃圾上都能找到它们的身影。肉质也更为接近虾蟹，鲜甜细嫩，但需要耐心剥开取肉。

藤壶

各种怪异影视作品的常客，获取不易，取肉也颇费工夫，但肉质鲜美，且汤汁有一股浓浓的类螃蟹汤的鲜味。

推荐指数：★★★★★

Megabalanus volcano 刺巨藤壶

龟足

东南最昂贵的“螺贝类”，俗称佛手螺，以大规格长柄的最优。食用时从头部连接处掰断即可抽出嫩白的“蟹肉”。

推荐指数：★★★★★

Capitulum mitella 龟足

清炒龟足

茗荷

茗荷在欧洲被称为鹅颈藤壶，是昂贵的海产。国内比较大规格的常见于台风天被吹上岸的木材上，海蟹的外壳甚至鳃部也常能见到它们的身影，还曾被当成寄生虫报道。由于常见规格太小，不便食用。

推荐指数：★☆☆☆☆

Lepas anserifera 鹅茗荷

螺贝类

Sinotaia quadrata 方形石田螺

Rivularia sp. 河螺

Pomacea canaliculata 福寿螺

Cipangopaludina chinensis 中国圆田螺

方形石田螺（螺蛳）

俗话说“清明螺蛳抵只鹅”，是有道理的。螺蛳是卵胎生种类，清明过后幼体在体内成熟长出了螺壳，吃起来就有沙粒感，而清明时的螺蛳尾部是肥美的生殖腺或者没长壳的幼螺，尾巴尤其好吃。

推荐指数：☆☆☆☆☆

河螺

广布但数量不多的淡水螺类，由于肉质鲜美颇为食客喜爱，在很多产地都被称作黄螺。

推荐指数：☆☆☆☆☆

中国圆田螺

圆田螺是内陆地区的传统美食，过去在水田常见，辣炒跟田螺塞肉都是广受好评的食用方法。现在有无良商家拿入侵种福寿螺冒充田螺销售。福寿螺是广州管圆线虫的中间宿主，比田螺更危险，且肉质偏硬，为了追求口感经常烹饪不够彻底。可以靠螺口大小跟螺尾收缩来区分两者。

推荐指数：☆☆☆☆☆

锥蜷

俗称青丝，是溪流常见的小型螺类，在产地是食客喜爱的下酒美食，炒紫苏的做法最受推崇。肉少但味鲜。

推荐指数：★★★★☆

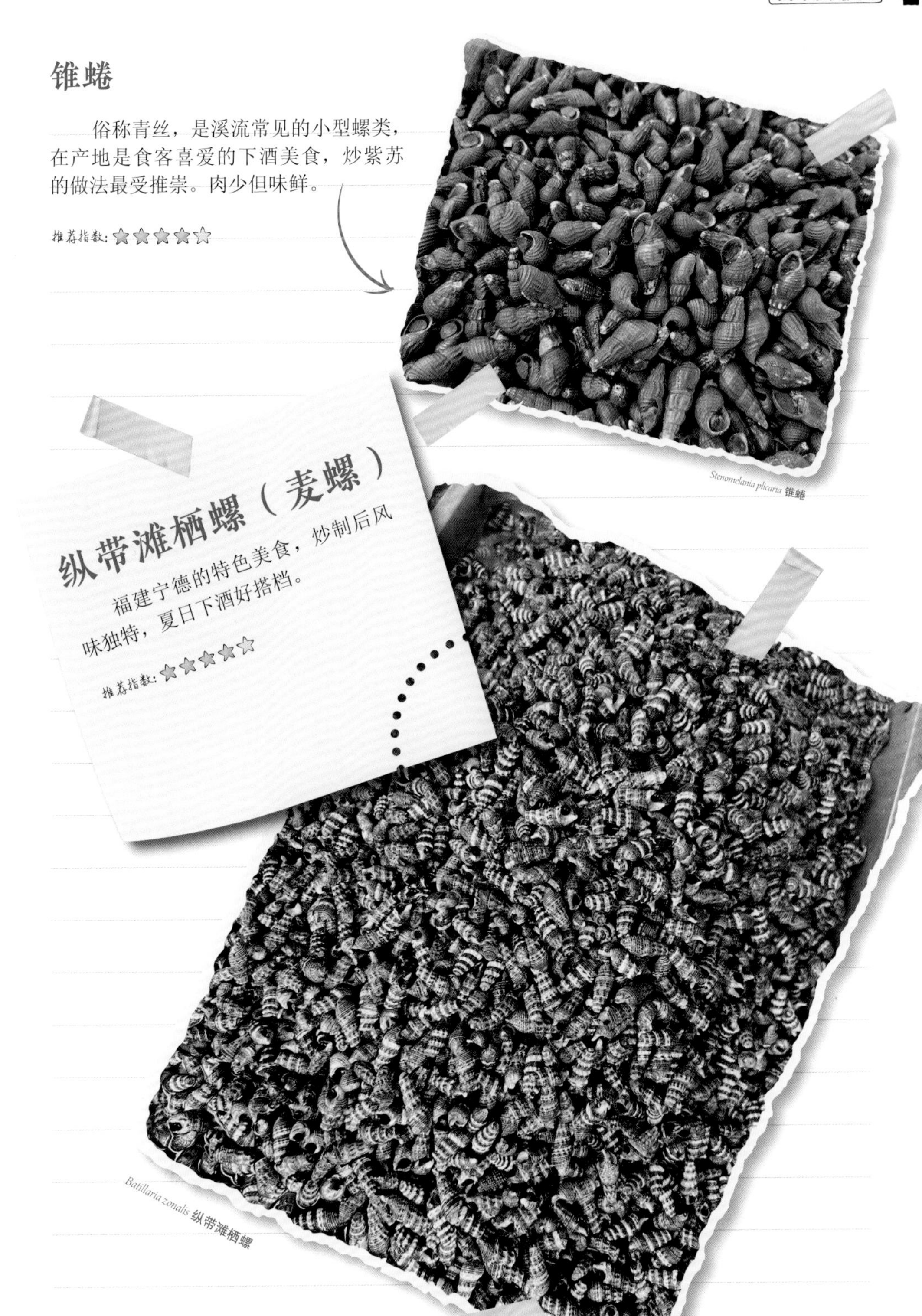

Stenomelania plicaria 锥蜷

纵带滩栖螺（麦螺）

福建宁德的特色美食，炒制后风味独特，夏日下酒好搭档。

推荐指数：★★★★☆

Batillaria zonalis 纵带滩栖螺

扁玉螺

广布螺类，俗称香螺，香味源于繁殖期肥美的尾部（生殖腺肝胰脏），所谓螺尾是屎不能吃纯属谬传，事实上螺尾最美味好吃。挑选香螺需选择整个腹足伸出吸水膨胀的个体，把水挤掉过秤即可。

推荐指数：★★★★★

Glossaulax didyma 扁玉螺

银口凹螺（青衣螺）

青衣螺，煮汤鲜美。

推荐指数：★★★★★

Tegula rugata 银口凹螺

东风螺

方斑东风螺、锡兰东风螺

方斑东风螺是国内南海的常见种，现在湛江大量养殖，肉嫩味香，锡兰东风螺是东南亚进口种类，两者体色有明显差异。早年无良商人会把进口冰冻的锡兰东风螺化冻后放水里，冒充活的方斑东风螺卖高价，需要注意分辨。

推荐指数：★★★★☆

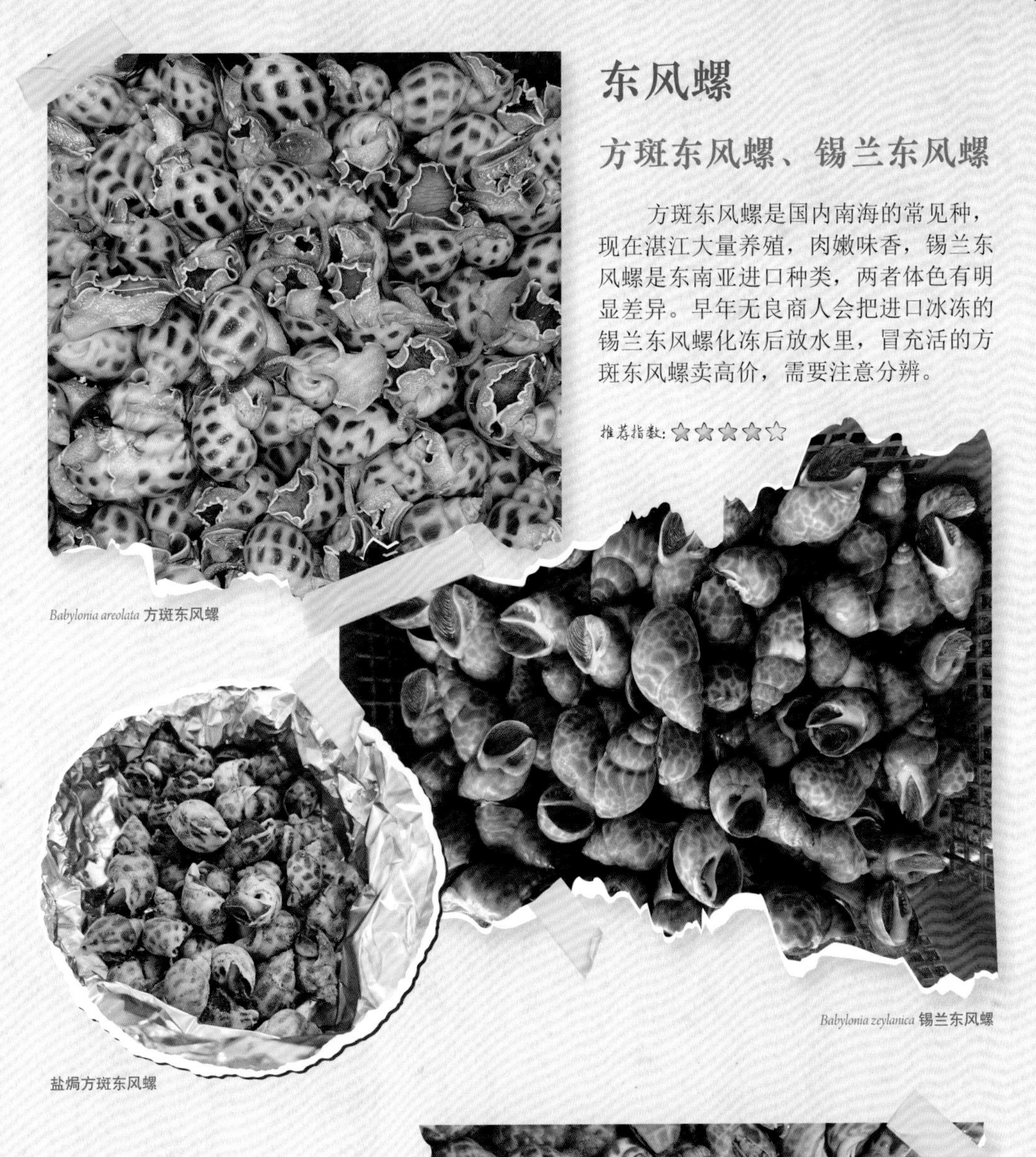

Babylonia areolata 方斑东风螺

Babylonia zeylanica 锡兰东风螺

盐焗方斑东风螺

泥东风螺

俗称南风螺，已人工养殖。

推荐指数：★★★★☆

Babylonia lutosa 泥东风螺

Turbo bruneus 虎斑蝾螺

蝾螺

蝾螺是南方沿海常见的中型螺类，最有特色是其肥厚的口盖，从外侧看像炯炯有神的猫眼，故其也被称为猫眼螺。口盖内侧有螺旋纹，常被误认为是化石。肉质甜美，螺尾肥厚。

推荐指数：☆☆☆☆☆

Rapana venosa 脉红螺

脉红螺

北方最常见的海螺，现在南方市场也多见。本种在产地被认为需要“去心”食用，不然会头晕。劳动人民的传统经验是有道理的，脉红螺的消化腺带有毒素，食用会导致中毒。确实需要去掉。

推荐指数：☆☆☆☆☆

Rapana venosa 脉红螺

Bufonaria rana 习见赤蛙螺

蛾螺

是广布且较好吃的中型螺类，整个都可以食用，尾部香甜。

推荐指数：★★★★★

Neptunea cumingii 卡民氏蛾螺

Bullacta exarata 泥螺

泥螺

泥螺曾以腌制品出名，宁波舟山的黄泥螺、盐城的辣泥螺都鼎鼎大名。感谢现代物流，让我们可以吃到鲜活的泥螺，葱油活泥螺鲜美细嫩都是一绝。吃泥螺有讲究，壳里看起来黑黑的软质部分其实是美味的肝胰脏生殖腺，而露在外面的硬质部分是好吃的腹足，不能吃的是位于两者之间六角形的胃，舌头灵敏的朋友可以尝试直接舌动剔除。

推荐指数：★★★★★

托氏蜡螺

黄海非常受欢迎的小海鲜，常用作下酒菜。

推荐指数：★★★★★

Umbonium thomasi 托氏蜡螺

棒锥螺（钉螺）

棒锥螺是常见且特别便宜的螺类，因为其外形特征所以俗称钉螺。虽然价格便宜但味道相当鲜美，是随便怎么烹饪都令人开心的种类。

推荐指数：★★★★★

Turritella bacillum 棒锥螺

疣荔枝螺（苦螺）

俗称苦螺，华南沿海居民喜食的小型螺类，肉质微苦。

推荐指数：★☆☆☆☆

Reishia clavigera 疣荔枝螺

单齿螺（芝麻螺）

浙江沿海爱吃的小型螺类，肉质鲜嫩，但吃起来比较麻烦。

推荐指数：★★★★★

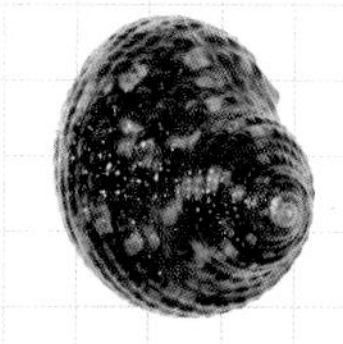

Monodonta labio 单齿螺

管角螺（响螺）

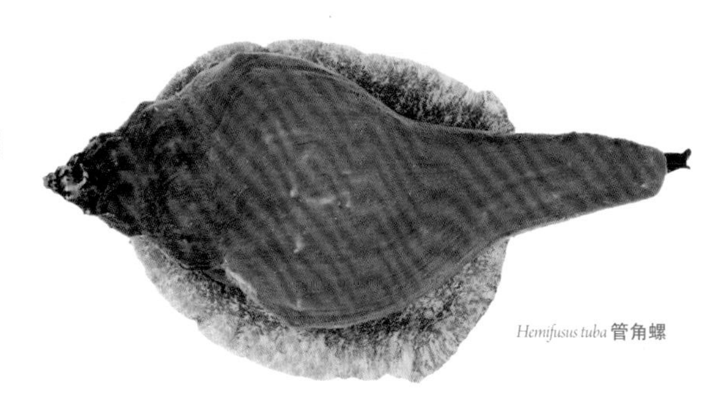
Hemifusus tuba 管角螺

南海地区居民特别喜爱的大型螺类，一般打薄片之后可用各种方式烹饪，缺点是价格昂贵。

推荐指数：★★★★★

瓜螺（皇帝螺）

俗称皇帝螺，其实价格不贵，但海鲜市场部分卖家常用于蒙骗游客。肉质偏硬，普通烹饪后如同橡皮泥一般，吃货一般打薄片汆熟或者切块、切片高压锅压熟食用。

推荐指数：★★★★★

红娇凤凰螺（红口螺）

热带种类，海南市场有售，商品名红口螺，螺口狭长不易挑肉，但肉质细嫩鲜美，是海南少有的特别美味的贝类。红口螺中有时候会混进大规格的蜘蛛螺，螺口更狭长且螺肉紧缩，需要砸开取肉，不推荐，要注意区分两者。

推荐指数：★★★★★

Melo melo 瓜螺

Conomurex luhuanus 红娇凤凰螺

鲍

鲍鱼是原始腹足纲的种类，也是广受喜爱的海产，干鲍是广东人的传统送礼佳品，越大越贵。得益于大规模网箱养殖，现在鲜活鲍鱼的价格日趋平民化，菜市场很容易买到。推荐吃法有豉汁蒸、蒜蓉粉丝蒸，鲍鱼尖端三角形的是肝胰脏跟生殖腺，可以尝试炖蛋吃，特别提醒刺身值得一试，爽口鲜甜。

推荐指数：★★★★★

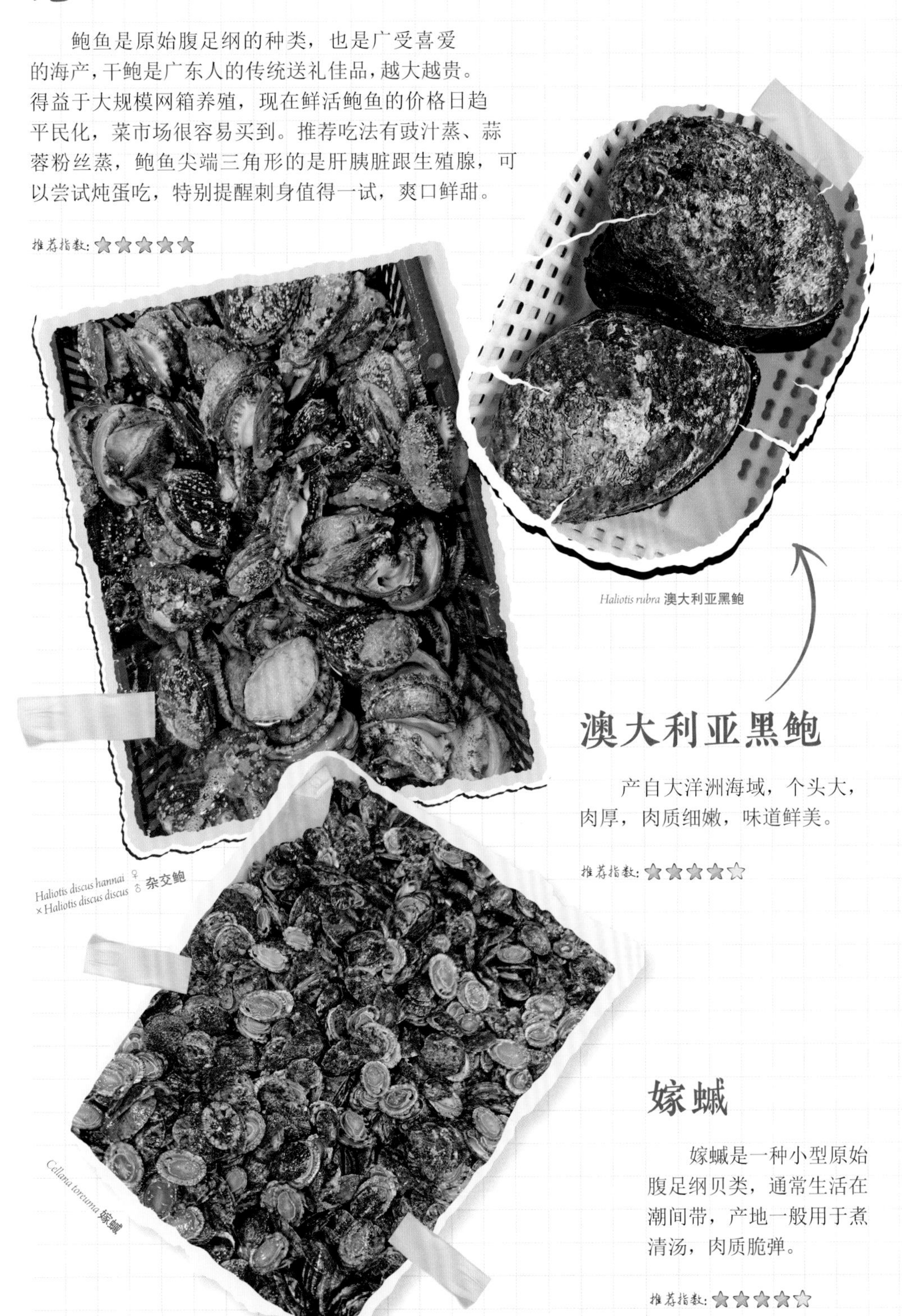

Haliotis rubra 澳大利亚黑鲍

Haliotis discus hannai ♀ × *Haliotis discus discus* ♂ 杂交鲍

Cellana toreuma 嫁蝛

澳大利亚黑鲍

产自大洋洲海域，个头大，肉厚，肉质细嫩，味道鲜美。

推荐指数：★★★★☆

嫁蝛

嫁蝛是一种小型原始腹足纲贝类，通常生活在潮间带，产地一般用于煮清汤，肉质脆弹。

推荐指数：★★★★☆

黄蚬

黄蚬是沿海各地以及长江沿岸的传统美食，普遍做法是煮汤或者取肉小炒。其中偶尔会混进一些个体更大、带放射纹的裂嵴蚌。

推荐指数：☆☆☆☆☆

Corbicula fluminea 黄蚬

蚌

裂脊蚌

菜市场卖黄蚬的摊位中常能看到一种彩色的“大黄蚬”，这就是裂脊蚌。

推荐指数：★★☆☆☆

Schistodesmus lampreyanus 射线裂脊蚌

Nodularia douglasiae 圆顶珠蚌

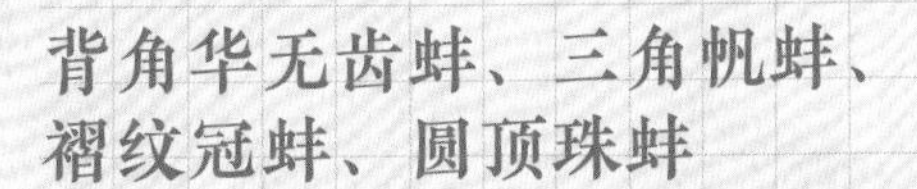

背角华无齿蚌、三角帆蚌、褶纹冠蚌、圆顶珠蚌

背角华无齿蚌、三角帆蚌、褶纹冠蚌是国内分布广、种群大的常见河蚌。东南地区在冬季跟开春吃得最多，一般做法有咸肉炖河蚌肉。淡水贝类是鳑鲏在自然环境中产卵孵化小鱼的重要“工具”。所有淡水贝类都有寄生虫风险，因此必须确保彻底煮熟才能安全食用。市售的河蚌里有时候还会混进一些更细长的小型蚌类，最常见的是圆顶珠蚌。

推荐指数：★★★☆☆

Sinohyriopsis cumingii 三角帆蚌

Cristaria plicata 褶纹冠蚌

Sinanodonta woodiana 背角华无齿蚌

魁蚶（赤贝）

魁蚶是大型蚶类，常用作刺身。

推荐指数：

Scapharca broughtonii 魁蚶

Tegillarca granosa 泥蚶

泥蚶（血蚶）

即鼎鼎大名的血蚶。绝大多数软体动物跟人类不同，体内是血蓝蛋白，所以血液呈透明或者浅蓝色，而蚶类是少数有血红蛋白的软体动物。汆熟或者生腌都是极好的。

推荐指数：

汆烫泥蚶

毛蚶

毛蚶主要产于北方，食用方法以剥肉小炒为主。

推荐指数：★★★★★

Anadara kagoshimensis 毛蚶

缢蛏

常见的蛏子，繁殖季异常肥美且出肉率高，价格实惠，姜葱炒就是极好的做法，盐烤也是常见吃法。缢蛏的晶杆特别显眼，这条透明柱状物经常被第一次吃海鲜的游客当作寄生虫，其实是辅助消化的器官。

推荐指数：★★★★★

Sinonovacula constricta 缢蛏

刀蛏

刀蛏味道相对更为鲜嫩肥美，但分布比较零散，天津、闽东等地产量稍大。

推荐指数：★★★★★

Cultellus attenuatus 小刀蛏

Solen grandis 大竹蛏

竹蛏

竹蛏在南方养殖得越来越多，相比缢蛏个体可以更大，肉质更厚，常用于辣炒。

推荐指数：★★★★☆

文蛤

文蛤是我国滩涂传统养殖的主要贝类之一，肉质鲜美，享有“天下第一鲜”的盛名。吃法多种多样。

推荐指数：★★☆☆☆

Meretrix meretrix 文蛤

青蛤（蛤蜊）

俗称蛤蜊，沿海常见小型贝类，最常用做法是蛤蜊炖蛋，价格便宜。

推荐指数：★★★☆☆

Cyclina sinensis 青蛤

菲律宾蛤仔（花蛤）

俗称花蛤，是人工养殖量最大的贝类，价格实惠，是各种路边摊的常客，适合各种烹饪方式。

推荐指数：★★★★★

Ruditapes philippinarum 菲律宾蛤仔

波纹巴非蛤（油蛤）

个人认为是南方最好吃的小型双壳类，俗称油蛤、花蛤王，肉质比菲律宾蛤仔更加细嫩。

推荐指数：★★★★★

Paratapes undulatus 波纹巴非蛤

中国蛤蜊（黄蚬子）

国内市售最好吃的双壳类，笔者推荐此种，俗称黄蚬子、丹东黄蚬子，是黄海名产，近年来种群衰退严重。肉质极其细嫩、甜味充足，还是极少数煮熟后几乎不严重失水的贝类。烹饪前吐沙是需要注意的小细节。

推荐指数：★★★★★

Mactra chinensis 中国蛤蜊

浅蛤

常见的小型贝类。北方分布的主要是等边浅蛤，南方分布的主要是半布目浅蛤，外观花纹多样。肉质偏硬，胆有异味。

推荐指数：★★☆☆☆

Macridiscus donacinus 半布目浅蛤

Macridiscus aequilatera 等边浅蛤

紫石房蛤（天鹅蛋）

北方常见的中型贝类，一般鲜活取肉之后炒菜食用。

推荐指数：★★★☆☆

Saxidomus purpuratus 紫石房蛤

Mactra antiquata 西施舌

Panopea abrupta 太平洋潜泥蛤

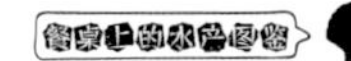

施氏獭蛤（小象拔蚌）

国内另有分布一种小象拔蚌，广西北海养殖量比较大，一般用于清汤或者蒜蓉粉丝蒸。

推荐指数：☆☆☆☆☆

Lutraria sieboldii 施氏獭蛤

Mizuhopecten yessoensis 虾夷扇贝

海湾扇贝

引进种类，在黄海、渤海价廉物美，适合整盆白灼当零食吃。

推荐指数：★★★★☆

Argopecten irradians 海湾扇贝

华贵栉孔扇贝

常见的小型扇贝种类。

推荐指数：★★★★☆

Mimachlamys nobilis 华贵栉孔扇贝

日月贝

南海种类，肉质鲜嫩。

推荐指数：★★★★☆

Ylistrum japonicum 日月贝

贻贝

Perna viridis 翡翠贻贝

厚壳贻贝是北方常见种，翡翠贻贝分布在南海，国内市售的绿贻贝主要来自新西兰进口。贻贝是有特别的足丝，用以附着在岩石上。繁殖季的贻贝肉厚且鲜嫩还不易缩水，是很经济实惠的海鲜，白灼或者干制品都是常见吃法。

推荐指数：★★★★☆

Mytilus coruscus 厚壳贻贝

江珧

Atrina chinensis 中国江珧

商品名带子，烧烤摊常见的贝类，拥有巨大的贝柱（闭壳肌）。由于江珧喜欢钻入沙底深处生活，故体内含细沙量较多且不易洗干净，加工时一般只保留闭壳肌食用。

推荐指数：★★★☆☆

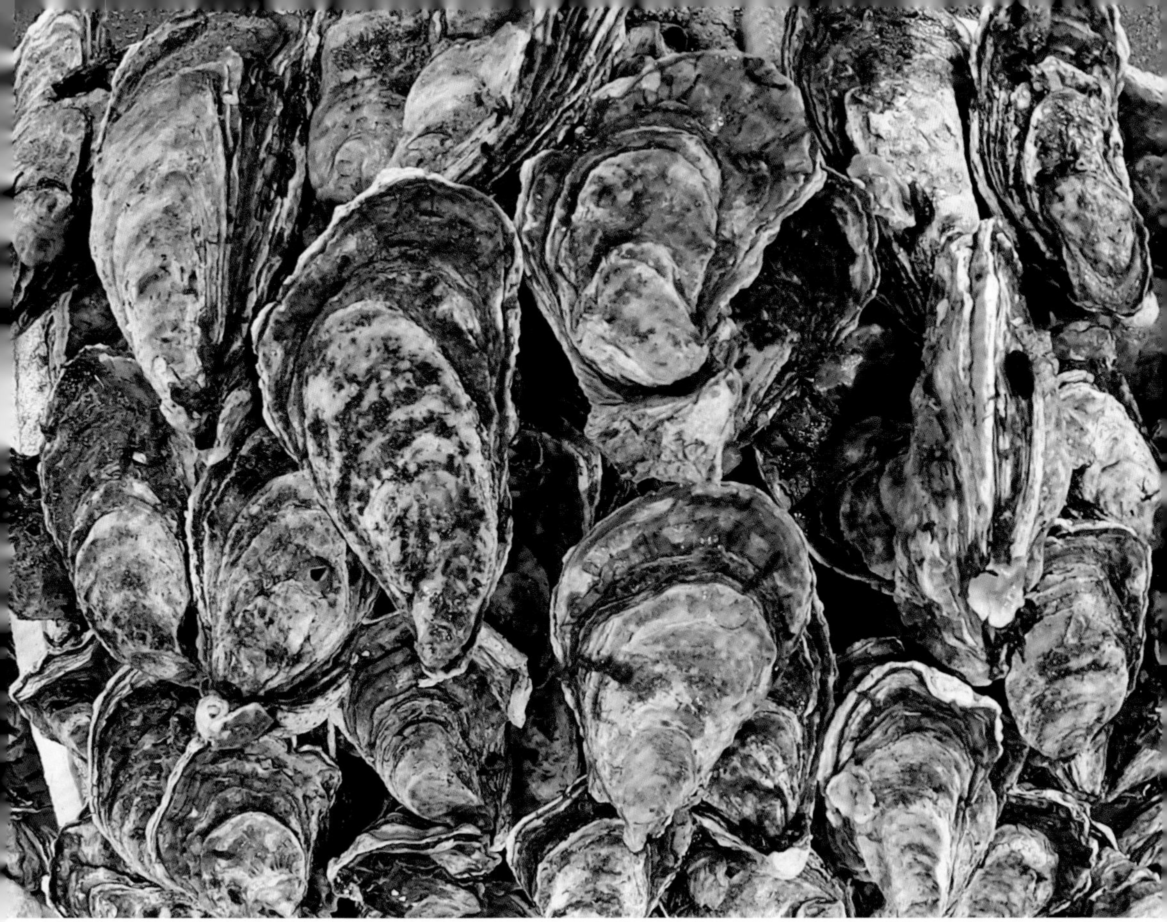

Crassostrea gigas 长牡蛎

长牡蛎（生蚝）

俗称生蚝，最常见也是养殖量最大的中大型贝类，鼎鼎大名的湛江生蚝、乳山生蚝都是该种。为了让大众一年四季都能吃到肥美的生蚝，现在大量采用三倍体育种的方式来确保生蚝不繁殖以达到饱满的效果。

推荐指数：★★★★★

长牡蛎刺身

海瓜子

海瓜子是沿海地区对于某些小型螺贝类的俗称，既有双壳类也有腹足类。

彩虹明樱蛤

其中最有名的是东南的彩虹明缨蛤，一般做葱油用以下酒，价格贵。

推荐指数：☆☆☆☆☆

Moerella iridescens 彩虹明樱蛤

光滑河蓝蛤

又被称为白瓜子，在海边经常被用于冒充彩虹明缨蛤，价格便宜，肉质一般。

推荐指数：☆☆☆☆☆

Potamocorbula laevis 光滑河蓝蛤

寻氏弧蛤

华南尤其闽南、潮汕多见的是寻氏弧蛤，肥美好吃，取肉滑蛋更是相当美味。

推荐指数：☆☆☆☆☆

Arcuatula senhousia 寻氏弧蛤

纵肋织纹螺

另一些地区还会把织纹螺跟海蜷称作海瓜子，需要注意的是虽然织纹螺鲜美，但食性使得它们有带毒风险，如河豚毒素跟雪卡毒素，不要轻易食用。

推荐指数：☆☆☆☆☆

Nassarius variciferus 纵肋织纹螺

乌贼

俗称墨鱼，具有厚实骨质的内骨骼——海螵蛸，肉质肥厚，是东海四大海产之一，传统食用方式有干制品炖肉等。生殖腺被称作墨鱼蛋，炖蛋与雪菜蒸都很美味。

推荐指数：★★★★★

Sepiella maindroni 曼氏无针乌贼

虎斑乌贼

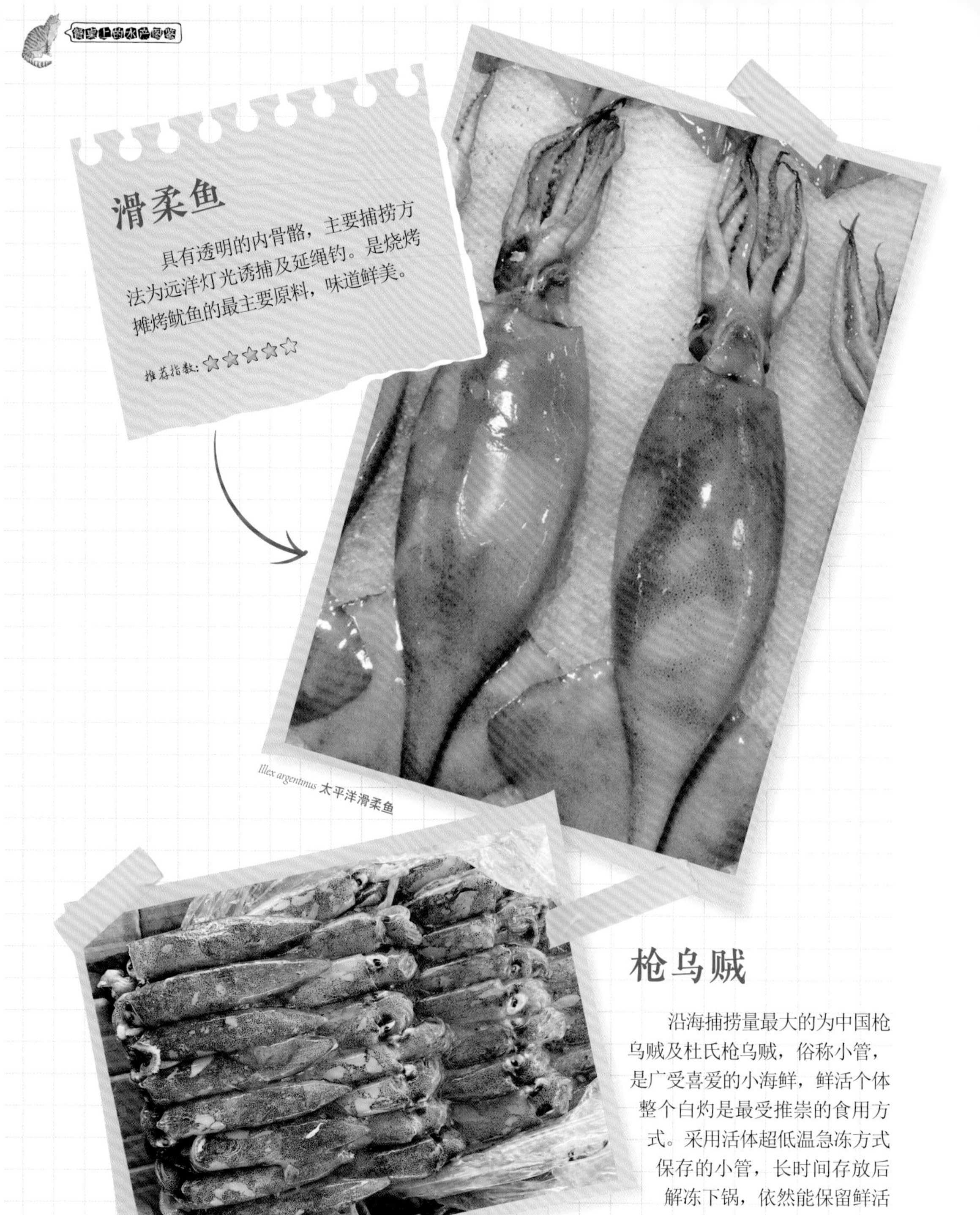

滑柔鱼

具有透明的内骨骼，主要捕捞方法为远洋灯光诱捕及延绳钓。是烧烤摊烤鱿鱼的最主要原料，味道鲜美。

推荐指数：☆☆☆☆☆

Illex argentinus 太平洋滑柔鱼

枪乌贼

沿海捕捞量最大的为中国枪乌贼及杜氏枪乌贼，俗称小管，是广受喜爱的小海鲜，鲜活个体整个白灼是最受推崇的食用方式。采用活体超低温急冻方式保存的小管，长时间存放后解冻下锅，依然能保留鲜活时的口味质感。

推荐指数：☆☆☆☆☆

Uroteuthis chinensis 中国枪乌贼

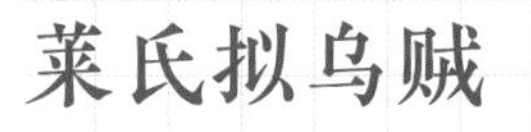

莱氏拟乌贼

俗称软枝，是南方广受喜爱的海钓及刺身种类。

推荐指数：☆☆☆☆☆

Sepioteuthis lessoniana 莱氏拟乌贼

Sepioteuthis lessoniana 莱氏拟乌贼

Euprymna berryi 柏氏四盘耳乌贼

耳乌贼

没有内骨骼的小型头足类，肉质鲜美但季节性明显。

推荐指数：☆☆☆☆☆

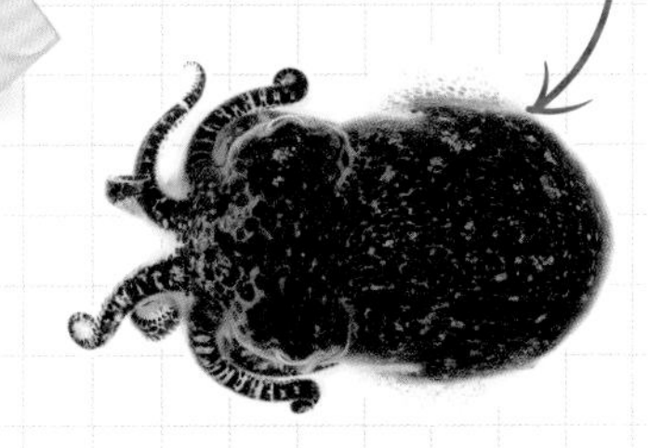

Euprymna berryi 柏氏四盘耳乌贼

蛸

八爪鱼是各种蛸类的统称。鲜活个体往往选用白灼的方式烹饪，加盐摔打可以让肉质更为爽脆，颇受食客喜爱。而冻品更多用于酱爆。浙江台州等地把小规格的短蛸称作望潮，价格昂贵可以活吃，中华蛸则是日料刺身的常见菜。

推荐指数：★★★★☆

Octopus fangsiao 短蛸

Octopus fangsiao 短蛸

Octopus variabilis 长蛸

Octopus variabilis 长蛸

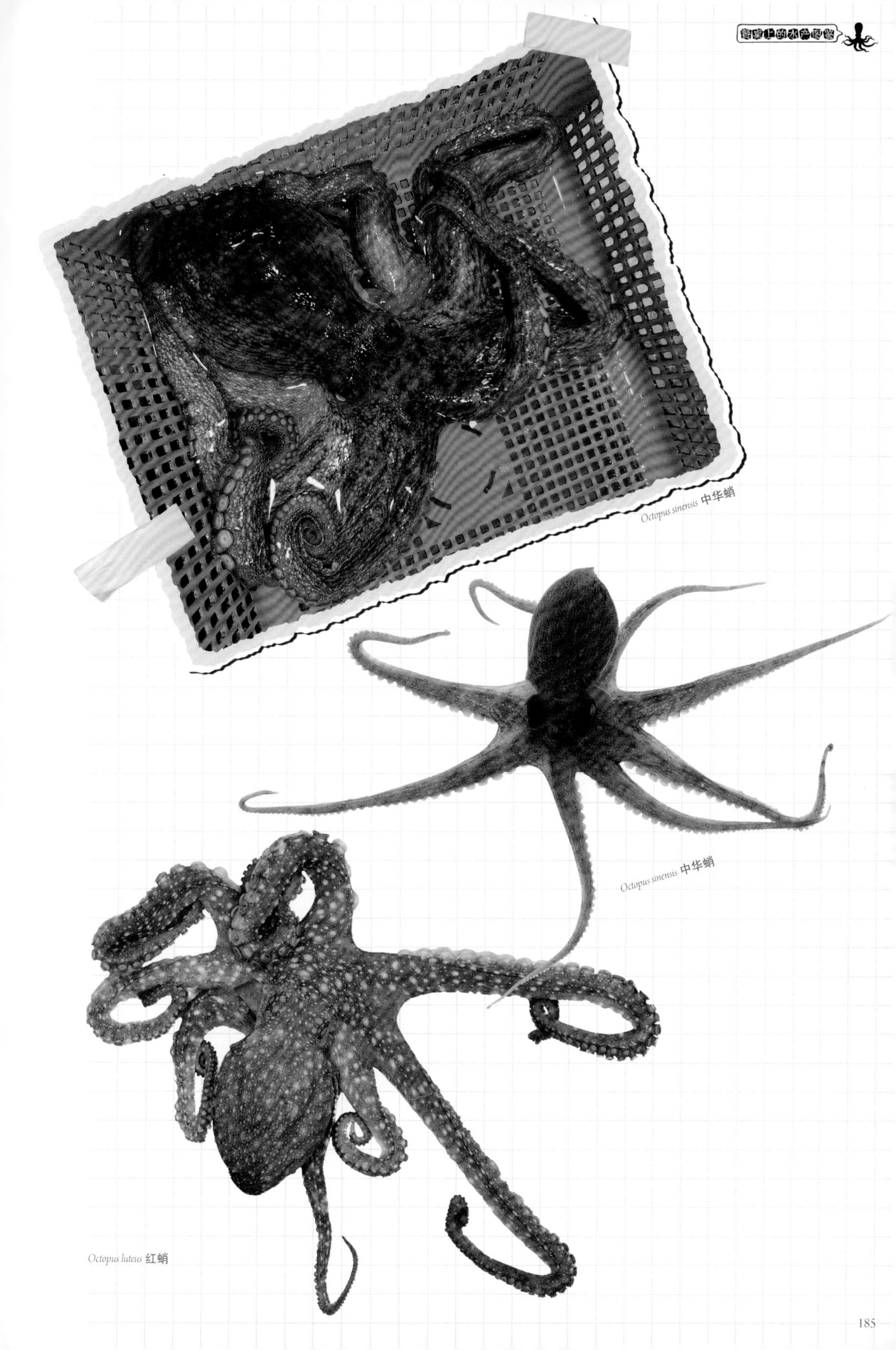

Octopus sinensis 中华蛸

Octopus sinensis 中华蛸

Octopus luteus 红蛸

Perinereis nuntia 多齿围沙蚕

沙蚕

常见的海钓鱼饵，在华南是传统美味，俗称禾虫。煎蛋、炒韭菜香味一绝。

推荐指数：★★★★★

Perinereis nuntia 多齿围沙蚕

方格星虫（沙虫）

华南知名海鲜，干制品好吃，常规做汤，刺身脆弹甜美，口感一绝。

推荐指数：★★★★★

Sipunculus nudus 方格星虫

方格星虫刺身

弓形革囊星虫（泥丁）

俗称泥丁，肉质较沙虫硬，一般用来炒韭菜或者做汤，还可以汆熟后倒入冰水混合物冰镇，口感爽脆。是土笋冻的原料，在厦门很出名，也有人认为泉州安海所产的更为正宗，传统做法的皮冻会在高温下融化，所以现在有些商家也会在土笋冻中加入食用琼脂。

推荐指数：★★★★★

Phascolosoma arcuatum 弓形革囊星虫

单环刺螠（海肠）

黄海、渤海地区俗称海肠，炒韭菜是常规吃法，美味爽脆。

推荐指数：☆☆☆☆☆

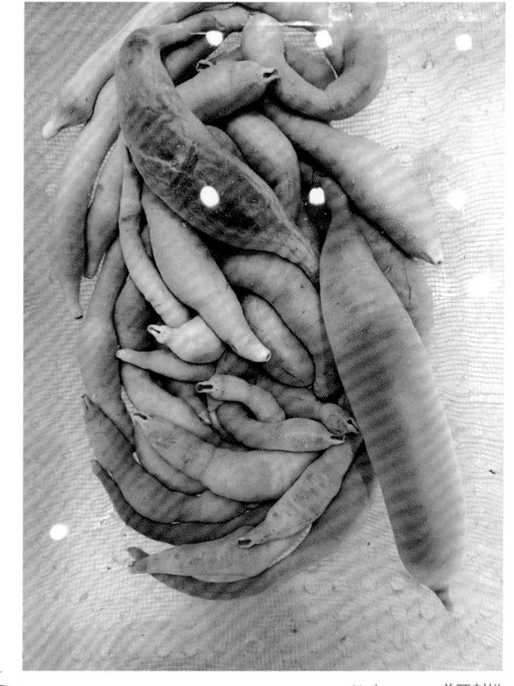

Urechis unicinctus 单环刺螠

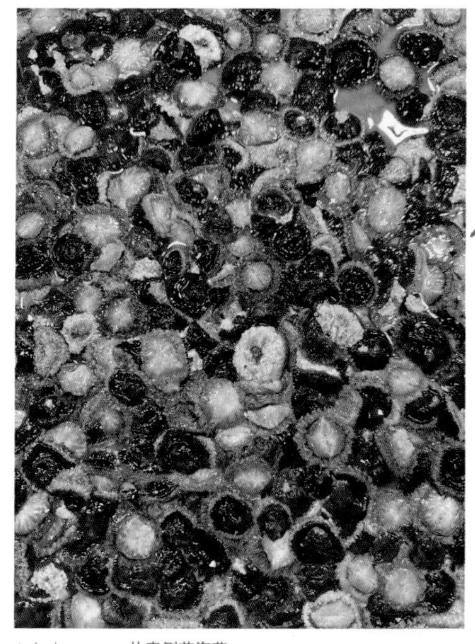

Anthopleura inornata 朴素侧花海葵

海葵

生活在海边沙地或泥地的海葵一般被称为泥蒜，通常做汤，浙江一般做雪菜汤，而笔者最推荐的是福州酸辣汤的做法。生活在海边礁岩区的海葵一般被称为岩蒜，是台州名菜岩蒜炒年糕的主角，极其鲜美。

推荐指数：☆☆☆☆☆

Anthopleura inornata 朴素侧花海葵

Edwardsia sipunculoides 星虫爱氏海葵

海参

海参是传统的滋补佳品，但是从科学角度来讲，大分子胶原蛋白并不能被人体直接吸收，笔者建议，吃海参尽可能忠于口感，以好吃作为第一标准。

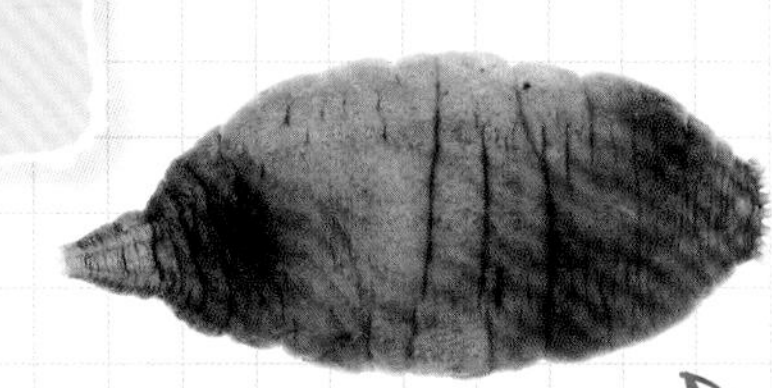

Acaudina molpadioides 海地瓜

海地瓜

实惠亲民的种类，切片小炒是主要做法。

推荐指数：★★★★☆

Apostichopus japonicus 仿刺参

仿刺参

最有名的滋补品，鲁菜的传统食材，小米炖海参是最常见的吃法。

推荐指数：★★★★☆

Holothuria leucospilota 玉足海参

Apostichopus japonicus 仿刺参

玉足海参

南海珊瑚礁区域的最常见种，也被拿来食用。

推荐指数：★☆☆☆☆

海蜇

海蜇是沿海传统美食，海蜇皮和海蜇头以其爽脆的质感一直是冷盘的重要菜品。如今中国海蜇生产企业早已经远渡重洋，应邀在美国等国家开展捕捞生产，帮助控制部分海域水母泛滥的问题。

推荐指数：★★★★★

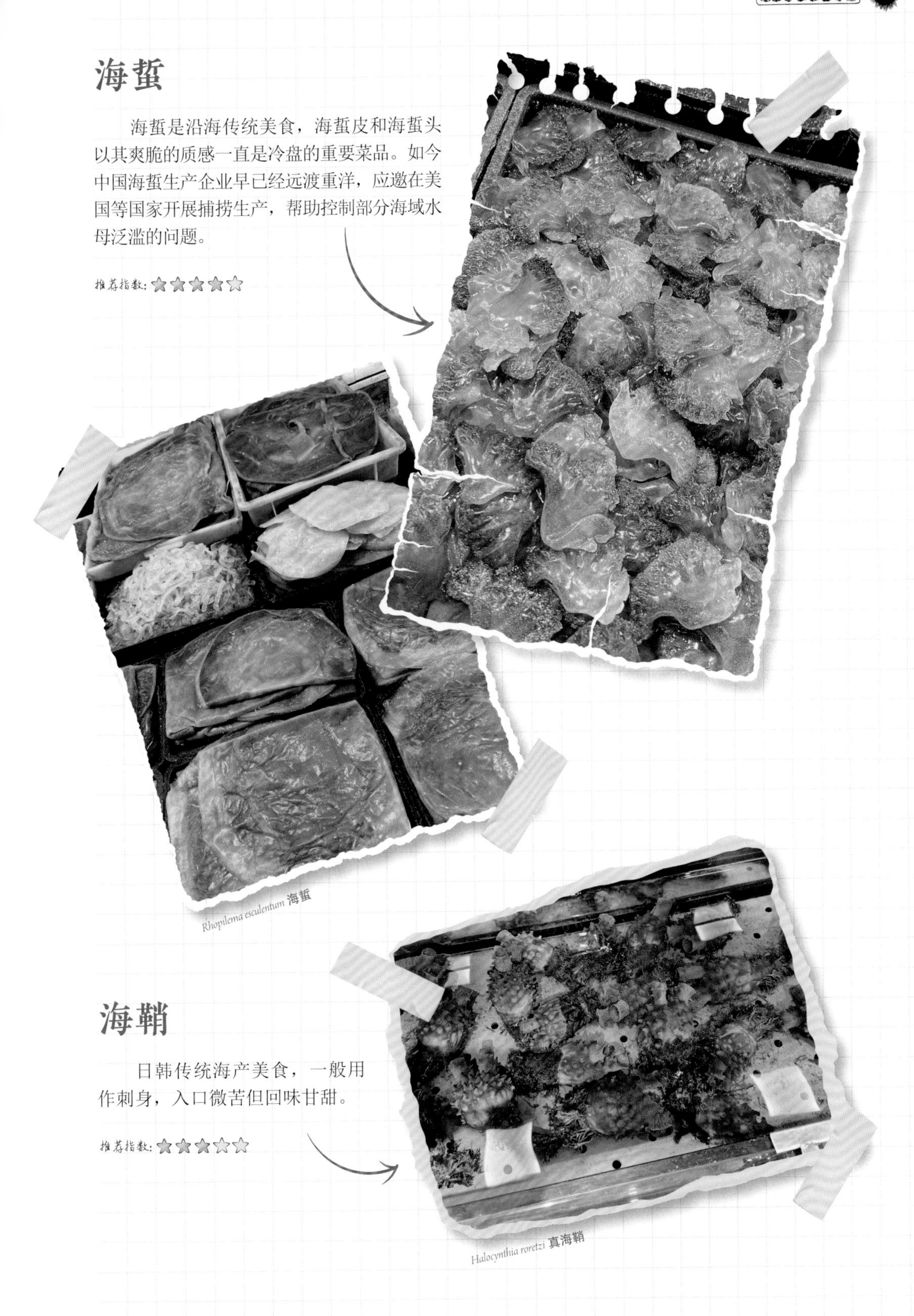

Rhopilema esculentum 海蜇

海鞘

日韩传统海产美食，一般用作刺身，入口微苦但回味甘甜。

推荐指数：★★★★★

Halocynthia roretzi 真海鞘

马粪海胆刺身

马粪海胆

小型种类，6～8月最肥美，日料板海胆主要是它。

推荐指数：★★★★☆

Hemicentrotus pulcherrimus 马粪海胆

紫海胆

北方常见的大型海胆，味道鲜美，是各类高端刺身的常客，在6～8月最肥美。

推荐指数：★★★★☆

Heliocidaris crassispina 紫海胆

海刺猬（黄海胆）

黄海胆在4～6月最肥美，味道较紫海胆与马粪海胆稍差，但胜在上市季节不同，用于填补市场空缺。

推荐指数：★★★☆☆

Glyptocidaris crenularis 海刺猬

白棘三列海胆

南海常见，性成熟期特别短，一般没籽，炖蛋吃个鲜味，海南市场上骗游客的常规种类。

推荐指数：★☆☆☆☆

Tripneustes gratilla 白棘三列海胆

海星

沿海最常见的海星，一般做成干制品用来煲汤，其实繁殖期的新鲜个体相当肥美，掰开外皮内含满满的生殖腺。因产季不固定，口感相对特殊。

推荐指数：★★★☆☆

Asterias amurensis 多棘海盘车

水生昆虫

蜻蜓稚虫（水虿）

一层几丁质外壳，几乎无肉，西南地区爱吃的下酒菜。

推荐指数：★★☆☆☆

Odonata 蜻蜓稚虫

齿蛉幼虫（水蜈蚣）

一般生活在溪流底层的卵石堆或者底泥中，以小鱼小虾为食，捕捉时需要留意别被它们的口器咬伤。特别好吃，口感宛如大条吃肉，有轻微鱼腥味。

推荐指数：★★★★☆

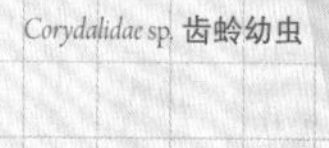

Corydalidae sp. 齿蛉幼虫

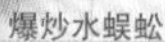

爆炒水蜈蚣

龙虱

华南美食，油煸后去翅去腿去头（内脏）食用，有特别的香味。

推荐指数：★★★★☆

Cybister chinensis 中华真龙虱

Rana catesbeiana 美洲牛蛙

棘胸蛙（石蛙）

山区溪流性种类，过去主要来源是人工捕捉，石蛙、石蚌在东南、华南各名山景区都是昂贵的美食。进入新世纪以来大规模人工养殖获得成功，现在市售的主要是浙江、福建山区的养殖个体，肉质细嫩味美，适合各种烹饪方式。

推荐指数：★★★★★（养殖）

Quasipaa spinosa 棘胸蛙

虎纹蛙

野外种群是国家重点保护野生动物。现为华南常见养殖种类，肉质细嫩味美，适合各种烹饪方式。

推荐指数：★★★★★（养殖）

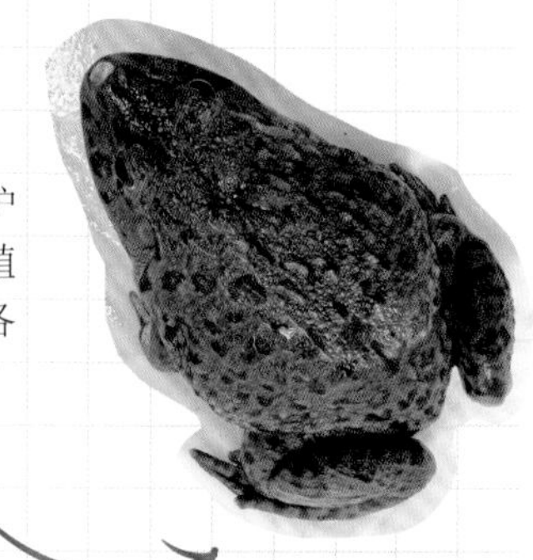

Hoplobatrachus rugulosus 虎纹蛙

Pelophylax nigromaculatus 黑斑蛙

黑斑蛙（青蛙）

即最常见的青蛙，是重要的农业益虫，不推荐购买野生个体。但近年来人工养殖获得了成功，主要是以传送带送饵的方式解决了青蛙不吃颗粒饲料的难题。现在市售的大规格个体很多都来自于湖北的人工养殖，肉质细嫩味美，适合各种烹饪方式。

推荐指数：★★★★★（养殖）

大鲵（娃娃鱼）

娃娃鱼在野外环境中有同类互食的习性，繁殖成活率极低，因此野生大鲵只分布于山区溪流源头，数量也相当少，是国家重点保护野生动物。人工养殖往往选择在山区的岩洞或者防空洞饲养，通过在幼体阶段采用的逐条分开饲养、成体定期筛选规格的方式，使得成活率提高到接近100%。养殖获得了成功，价格也随之变得平民，现在市场价已经回落到四十元左右一斤。加工时需要先以开水烫表皮去黏膜去腥，最好吃的部分是尾巴，皮肤肥嫩脂肪肥美。大规格的肉质稍柴，小规格的更细嫩，红焖、黄焖是最推荐的吃法。

推荐指数：★★★★☆（养殖）

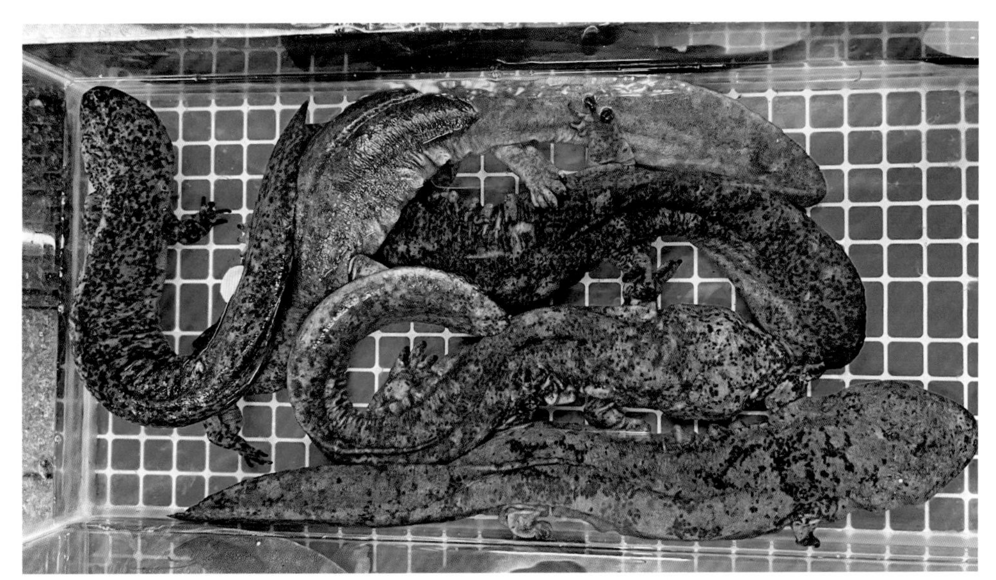

Andrias davidianus 大鲵

中华鳖

俗称甲鱼，所谓具有滋补功效是被炒作出来的。野外依然有一定数量，人工养殖量巨大。裙边味美，肝脏一绝。

推荐指数：★★★☆☆

Trionyx sinensis 中华鳖

Amyda cartilaginea 亚洲鳖

亚洲鳖

新闻中“百年老鳖”的头号主角，甚至出现过同一只被反复捕捞购买放生的案例。原产东南亚，野生大规格个体作为食物进口到中国后，部分被购买并放生，由于是热带种类，在国内野外难以越冬因此暂未造成严重的入侵种问题。本种不推荐食用。

推荐指数：☆☆☆☆☆

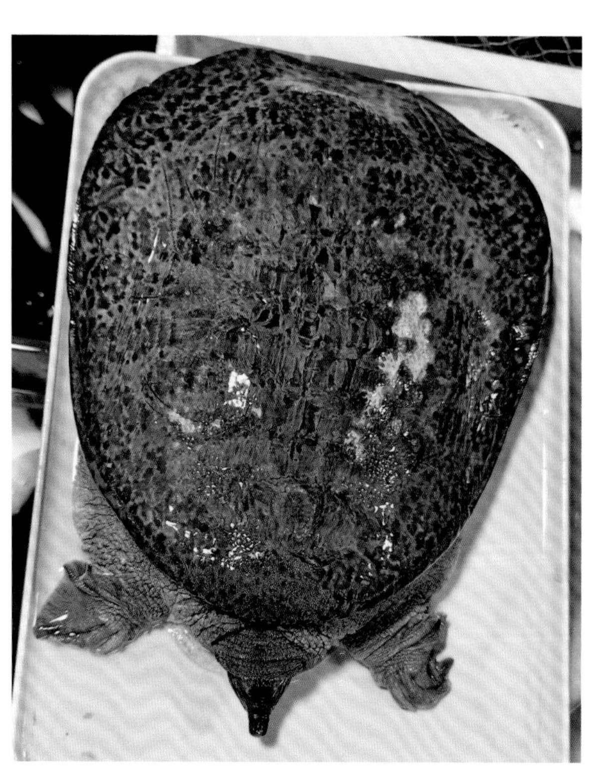

Apalone ferox 佛罗里达鳖

佛罗里达鳖

新闻中“百年老鳖”的主角之一。是原产北美的大型鳖类，被引进食用，温室养殖生长迅速，三年可达十斤以上，价格便宜，就别浪费钱当野生老鳖高价买来啦。肉质一般但裙边嫩滑。

推荐指数：★★★☆☆

美国刺鳖

近年来从美国引进的鳖类，长相类似中华鳖但个体更大。常用以冒充大规格野生甲鱼，分辨特征是背甲前缘的瘤凸。

推荐指数：★★★★☆

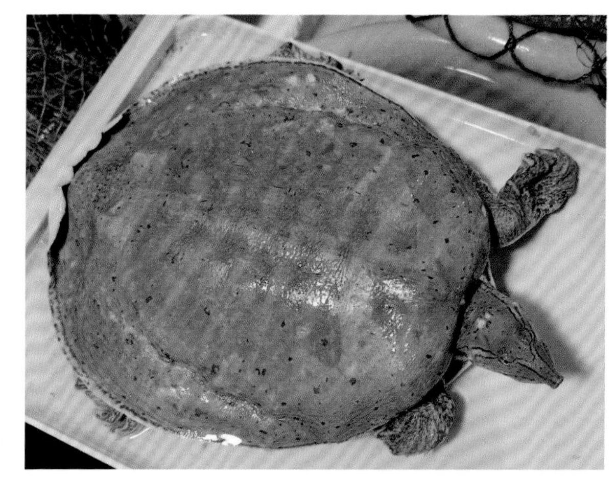

Apalone spinifera 美国刺鳖

红耳彩龟（巴西龟）

巴西龟其实并非来自巴西，而是原产美国的密西西比红耳龟，最初作为观赏引入，现在依然是宠物市场最常见的种类，随后也大量养殖成体以食用。因为养殖逃逸及乱放生等原因，已经成为了国内主要的外来入侵种，在南方很多地区都有了自然繁育的种群。食用方式一般是煲汤，肉质尚可，腿比较好吃。

推荐指数：★★★★☆

Trachemys scripta elegans 红耳彩龟

拟鳄龟

拟鳄龟最初是作为肉用种类引进的，是出肉率最高的龟鳖类。因为养殖逃逸及乱放生等原因，已经成为了外来入侵种，由于其具掠食性且食量大，对本土水生物影响较大。马路上常能见到有人提着“万年老龟”售卖，其实多是本种，批发市场仅需二十元左右一斤。食用首推煲汤，记得把内脏留下是极好的，肉多。

推荐指数：★★★★★

Chelydra serpentina 拟鳄龟

花龟

野外种群已经列入国家重点保护野生动物名录，不要食用。而养殖花龟也是有人挖到“百年老龟”上街兜售的客串嘉宾，批发市场也仅需二十元左右一斤。推荐煲汤食用。

推荐指数：★★★★★（养殖）

Mauremys sinensis 花龟

草龟（乌龟）

中国最常见的本土龟类，雄性成体会变成黑色，也被称作墨龟。野外种群已经列入国家重点保护野生动物名录，不要食用。温室养殖的价格便宜，推荐煲汤食用。

推荐指数：★★★☆☆（养殖）

Mauremys reevesi 草龟

暹罗鳄

国内温室养殖量巨大，供应皮具及肉类市场。在广东的普通菜市场都可以看到分切的养殖鳄鱼，而其他城市往往要到批发市场的特殊摊位才有整条销售。价格已相对亲民，整条论斤价在三十元左右，皮富含胶质，类似大块吃甲鱼裙边而肉质接近鸡大腿肉，值得一试。黄焖、红焖或者做汤都是常规的好吃做法。

推荐指数：★★★★☆

Crocodylus siamensis 暹罗鳄

餐桌上的水产
图鉴

分类学索引

鲹 cān
鲌 bó
鳡 gǎn
鲹 cān
鳛 xī
鮰 huí
鲴 gù
鲅 bà
鳊 biān
鲟 yú
鳚 wèi
螣 téng
鲚 jì
鲄 qú
鳜 guì
鳢 lǐ
鲭 huá
鳈 quán
髭 zī
鲀 wéi
鰤 shī
鲻 zī
鲉 yóu
鲐 tái
鲭 qīng
鲹 suō
鳜 guì
鲩 huò
颡 sǎng
鞅 yāng
yù pángpī
鳕、鳑鲏
鯻 là
鲈 lù
鮸 miǎn
鲥 shí
鲷 diāo
鲾 bī
鲙 jǐ
鳊 wēng
鲐 yì
鳓 lè
鲫 jì
魟 hóng
鳚 xián
鲬 yǒng
ān kāng
鮟 鱇
鲟 xún
虿 chài
蛴 qī
生僻字贴纸
可以撕下来贴在
书上字旁哦
餐桌上的水产 图鉴